JN188712

サイエンス
ライブラリ 数学＝33

大学で学ぶ
線形代数［増補版］

沢田賢／渡辺展也／山口祥司／安原晃　共著

サイエンス社

サイエンス社のホームページのご案内
https://www.saiensu.co.jp
ご意見・ご要望は　rikei@saiensu.co.jp　まで.

増補版　まえがき

2005年に，この本の初版が出版されて早20年近くの月日が流れ，その間に，多数の方々から様々な有益なご指摘をいただいた．それらのご指摘と著者の授業での使用経験を反映させ，また，新たに山口祥司を執筆陣に加えて新鮮な風を吹き込み，この度，増補版を出すこととした．随所で，誤植を訂正し，より表現を明確にすることはもちろん，今回の改訂で特筆すべきは，応用上有益な実対称行列の対角化について必要な補足とともに書き加えたところである．第4章にシュミットの直交化法を，第6章に行列式の展開公式を加え，第7章には実対称行列の対角化についての解説を展開している．

終わりに，今回の改訂にあたり，サイエンス社の田島伸彦氏，鈴木綾子氏に大変お世話になりましたことを感謝いたします．

2024年6月

著　者

ま　え　が　き

社会科学系および自然科学系の学部において，基礎となる数学は,「線形代数」と「微分積分」であろう．応用という面からは,「微分積分」が重要視されがちであるが，微分積分を理解するためにも線形代数の果たす役割は大きい．例えば多変数関数の微分には，ベクトル空間・線形写像の理論が必要である．線形代数を学ぶ目的は，空間および空間上の写像についての基礎的な概念を学習することである．

線形代数を学ぶ上で必要とする予備知識は，それほど多くない．従って社会科学系の学部の学生でも十分読み進むことが出来る．しかし，文章の表現方法が独特なため，難しい印象を受けることはあると思う．表現の客観性に重点を置くため，数学的文章には，独特の言い回しが多く，さらに文中に見慣れない記号などが多く含まれている．このことが，数学を学習する際に難解な印象を与える理由の１つであろう．しかし，この独特な表現方法に慣れてしまえば，いろいろな数学的文章を理解することは，それほど困難なことではない．本来数学教育の目的の１つには，この数学的文章の理解力を付けるという，語学教育的な側面もある．数学を学ぶ際に，数学的な文章に慣れて行くことが出来れば，それは大きな収穫となる．

本書は，社会科学・自然科学両系の学生にとって必要最低限の内容の理解を目的として書かれている．従って抽象的な取り扱いは避けて，より具体的な内容を扱った．例えばベクトル空間・線形写像などは，抽象的な扱いをさけ，数ベクトル空間に限定して述べている．その理由は，理解しやすいということもあるが,「多くのベクトル空間の基本的性質が，数ベクトル空間で記述できる」というところから来ている．項目としては，文字の使用・行列・連立１次方程式・ベクトル空間・線形写像・行列式・固有値および固有空間である．集合・写像については付録とした．これらの概念に不安のある学生は，ベクトル空間に進む前に一読しておくことを強く勧める．

本書の執筆にあたり，サイエンス社の田島伸彦氏，渡辺はるか氏，またサイエンス社で本書を書くきっかけを与えていただいた寺田文行先生に大変お世話になりました．ここに記して感謝いたします．

2005 年春

著　者

目　　次

第1章 文字の使用について

論理的な文章において，文字が多く使われる．従って，文字にどんな役割があるのかをこの章で述べる．

1.1 文字の使用

我々の日常において，いろいろな物に名前を付けることで，その取り扱いがとても簡潔になる．それと同じで数学においても，いろいろな物に名前を付ける．ただし，その名前としてアルファベットが用いられることが多い．例えば，

座標平面上の点 $A = (1, 2)$

という文章は，点 $(1, 2)$ に A という名前を付けていることを表している．また文字は，このように具体的なものの名前としてだけでなく，今後取り扱う多くの数などを代表して用いられることもある．例えば

$$(1, 2), (3, -1), (-1, 0), \cdots$$

などの 2 つの数の組を多く扱う場合を考えよう．これら 2 つの数を一般的に扱うために,「2 つの数が並んでいる」という状態を表したい．つまり 2 つの数を代表する表現が必要となる．このようなとき， 各数を代表するものとしてアルファベットの小文字がよく用いられる．

例えば左にある数を代表して a，右にある数を代表して b を用い，

$$(a, b)$$

という表現で「2 つの数が並んでいる」という状態を表すことにする．

ここで，右と左に異なる文字を用いたのは，それぞれの文字にそれぞれの異なる役割を与えているからである．つまり，この場合

文字 a は，左の数を代表するという役割

文字 b は，右の数を代表するという役割

を表している．もちろん，異なる文字 a, b を用いても，(a, b) という表現には，$(-1, -1)$, $(100, 100)$ 等の同じ数が2つ並んでいるという状況も含んでいる．もし，異なる2つの数が並んでいるという場合だけを表したいのなら

$$(a, b) \quad \text{ただし } a,\ b \text{ は異なる数である}$$

とすべきであろう．

1.2 文字の作成

前節で文字の使い方を述べたが，多くの文字を同時に用いるときは，単純にアルファベットを用いるのは少し不便である．例えば8個の数が並んでいるという状況を表すとき，

$$(a, b, c, d, e, f, g, h)$$

となるが，これではどの文字にどんな役割を与えたか，つまり各文字がどこに置かれている数を代表しているかということがわかりにくい．

f は，何番目に並んでいる数を代表しているか?

といわれてもすぐには答えにくい．そこで，アルファベットの小文字と数字（通常 $-1, 0, 1, 2, \cdots$ などの整数）を用いて，その役割がわかりやすい新しい文字を作成する．例えば，

$$a_{-1}, a_0, a_1, a_2, \cdots$$

等がある．この新しい文字を用いて8個の数が並んでいるという状態を

$$(a_1, a_2, a_3, a_4, a_5, a_6, a_7, a_8)$$

と表せば，文字の役割も分かりやすい．もちろんこの場合 a 以外のアルファベットを用いて

$$(c_1, c_2, c_3, c_4, c_5, c_6, c_7, c_8)$$

としてもよい．ここで各文字に付けた数字は

各数が置かれている場所（番地）を表している

ということはいうまでもない．

場所を表す番地は左から $1, 2, \cdots$ と付けていくことが主流である．本書でもこの振り方を採用する．

上の例では 8 個の数を並べるという状況を考えたが，いくつかの数が並んでいるという状況も表したい．このとき，並べる数の個数が具体的に示されないので，その個数も文字で表すことになる．特に個数を表す文字は決められているわけではないが，多くの場合 k, l, m, n 等の文字を用いる（何を用いてもよい）．このとき，n 個の数が並んでいる状況は

$$a_1, a_2, \cdots, a_n$$

と表される．ここでアルファベットの右下にある数字または文字を**添え字**という．

1.3 表の作成

前節では数が一列に並んだ状態を表したが，数が縦横に並んだ状況を表す場合について述べておこう．いま数が縦横にきちんと長方形の形に並べられた表，例えば，

$$\begin{matrix} 3 & 10 & 18 & 3 \\ 1 & 2 & 2 & 8 \\ 8 & 1 & 8 & 0 \end{matrix}$$

を扱う場合を考えよう．このように数が，縦と横に配置された状況を表すときにも，文字と数字から作成した文字を用いる．この場合も，文字に付ける数字は，数が置かれている場所の番地を用いることが自然であろう．そこで，この場合の番地の付け方を決めておこう．

定義 1.3.1 まず，表における横の並びを**行**，縦の並びを**列**と呼ぶことにする．そして各行を上から順に第 1 行，第 2 行，第 3 行，$\cdots$ と呼び，各列を左から順に第 1 列，第 2 列，第 3 列，$\cdots$ と呼ぶ． ◆◆◆

こうしておけば，各番地は，第何行目にあり，第何列目にあるかで確定する．

$$
\begin{array}{ccccc}
 & \text{第1列} & \text{第2列} & \text{第3列} & \cdots \\
 & \downarrow & \downarrow & \downarrow & \\
\text{第1行} \rightarrow & (1,1) & (1,2) & (1,3) & \cdots \\
\text{第2行} \rightarrow & (2,1) & (2,2) & (2,3) & \cdots \\
\text{第3行} \rightarrow & (3,1) & (3,2) & (3,3) & \cdots \\
\vdots & \cdots & \cdots & \cdots & \cdots
\end{array}
$$

上の表の中で $(2,1)$ というのは，その場所が第2行，第1列にあるということを表す．このように番地を決めておくと，$(1,1)$ に配置されている数を代表する文字として

$$a_{1,1}$$

というように右下にその番地を付けたものを新しく作ればよい．従って，数が3行4列の表に配置された状態は，

$$
\begin{array}{cccc}
a_{1,1} & a_{1,2} & a_{1,3} & a_{1,4} \\
a_{2,1} & a_{2,2} & a_{2,3} & a_{2,4} \\
a_{3,1} & a_{3,2} & a_{3,3} & a_{3,4}
\end{array}
$$

と表される．さらに，この表を一般的にした状態は，その行の個数を m，列の個数を n として

$$
\begin{array}{cccc}
a_{1,1} & a_{1,2} & \cdots & a_{1,n} \\
a_{2,1} & a_{2,2} & \cdots & a_{2,n} \\
\vdots & \vdots & \ddots & \vdots \\
a_{m,1} & a_{m,2} & \cdots & a_{m,n}
\end{array}
$$

と表せばよいことは，すぐに想像出来るだろう．

表において，1行，1列にある文字 $a_{1,1}$ についている添え字を**2重添え字**という．この場合 $a_{1,1}$ 等と2重添え字の間の間にカンマ “,” を用いているが，誤解のない時はカンマを省いて

$$
\begin{array}{cccc}
a_{11} & a_{12} & \cdots & a_{1n} \\
a_{21} & a_{22} & \cdots & a_{2n} \\
\vdots & \vdots & \ddots & \vdots \\
a_{m1} & a_{m2} & \cdots & a_{mn}
\end{array}
$$

と表す．

行　　列

この章では表を一般化した概念である行列について説明する．

2.1 行列の定義

定義 2.1.1　$m \times n$ 個の数を，m 行，n 列に配置した表を，[ ] または ( ) でくくったものを，**行列**という．行列の行や列の個数を表す場合は，$m \times n$ 型の行列または $m \times n$ 行列という． ◆◆◆

[ ] と ( ) のどちらかを使うかは好みの問題であるが，本書では ( ) を用いることにする．一般的に $m \times n$ 行列を表せば

$$\begin{pmatrix} a_{11} & a_{12} & \cdots & a_{1n} \\ a_{21} & a_{22} & \cdots & a_{2n} \\ \vdots & \vdots & \ddots & \vdots \\ a_{m1} & a_{m2} & \cdots & a_{mn} \end{pmatrix}$$

となる．この行列において，i 行，j 列に配置された数 a_{ij} を，この行列の (i, j) **成分**という．

いろいろな行列を扱うとき，記述を簡単にするために，行列に名前を付ける場合がある．ここでは行列の名前として，$A, B, C, \cdots$ などのアルファベットの大文字を用いることにする．多くの行列を扱うときは，アルファベットの大文字に添え字を付けて $A_1, A_2, B_1, B_2, \cdots$ 等と表す．

行列に A や B という名前を付けるとき，次のような表現を用いる．

$$A = \begin{pmatrix} a_{11} & a_{12} & \cdots & a_{1n} \\ a_{21} & a_{22} & \cdots & a_{2n} \\ \vdots & \vdots & \ddots & \vdots \\ a_{m1} & a_{m2} & \cdots & a_{mn} \end{pmatrix}, \quad B = \begin{pmatrix} b_{11} & b_{12} & \cdots & b_{1n} \\ b_{21} & b_{22} & \cdots & b_{2n} \\ \vdots & \vdots & \ddots & \vdots \\ b_{m1} & b_{m2} & \cdots & b_{mn} \end{pmatrix}$$

つまり，名前を付けるという意味で，符号 “=” を用いることがある．また，上記の表現を簡単に

$$A = (a_{ij}), \quad A = (a_{ij})_{m\times n}$$

とすることもある．

2.2 特殊な行列

例 2.2.1 （零行列） 各成分がすべて 0 の行列を零行列といい，O で表す．特に行列の型を表す必要があるときは，$O_{m\times n}$ と表す．例えば，

$$O_{3\times 3} = \begin{pmatrix} 0 & 0 & 0 \\ 0 & 0 & 0 \\ 0 & 0 & 0 \end{pmatrix}, \quad O_{3\times 4} = \begin{pmatrix} 0 & 0 & 0 & 0 \\ 0 & 0 & 0 & 0 \\ 0 & 0 & 0 & 0 \end{pmatrix}$$

◆◆◆

例 2.2.2 （正方行列） 行の個数と列の個数が同じ行列，つまり $n\times n$ 行列を n 次正方行列という．n 次正方行列

$$\begin{pmatrix} a_{11} & a_{12} & \cdots & a_{1n} \\ a_{21} & a_{22} & \cdots & a_{2n} \\ \vdots & \vdots & \ddots & \vdots \\ a_{n1} & a_{n2} & \cdots & a_{nn} \end{pmatrix}$$

において，$a_{11}, a_{22}, \cdots, a_{nn}$ をこの正方行列の**対角成分**という． ◆◆◆

例 2.2.3 （単位行列） n 次正方行列で対角成分がすべて 1，他の成分がすべて 0 となるものを単位行列といい，E_n と表す．例えば，

$$E_1 = (1), \quad E_2 = \begin{pmatrix} 1 & 0 \\ 0 & 1 \end{pmatrix}, \quad E_3 = \begin{pmatrix} 1 & 0 & 0 \\ 0 & 1 & 0 \\ 0 & 0 & 1 \end{pmatrix}$$

◆◆◆

2.3 行列の演算

実数の場合と同様に，行列どうしの演算を定義する．ここで，演算というのは 2 つの行列，または行列と実数から新しい行列を作る操作のことをいう．ここでは，行列の和，実数倍，積と呼ばれる演算を扱う．

定義 2.3.1 （行列の和） 同じ型の 2 つの行列

$$A = \begin{pmatrix} a_{11} & a_{12} & \cdots & a_{1n} \\ a_{21} & a_{22} & \cdots & a_{2n} \\ \vdots & \vdots & \ddots & \vdots \\ a_{m1} & a_{m2} & \cdots & a_{mn} \end{pmatrix}, \quad B = \begin{pmatrix} b_{11} & b_{12} & \cdots & b_{1n} \\ b_{21} & b_{22} & \cdots & b_{2n} \\ \vdots & \vdots & \ddots & \vdots \\ b_{m1} & a_{m2} & \cdots & b_{mn} \end{pmatrix}$$

に対し，対応する各成分どうしを加えて出来る行列

$$\begin{pmatrix} a_{11}+b_{11} & a_{12}+b_{12} & \cdots & a_{1n}+b_{1n} \\ a_{21}+b_{21} & a_{22}+b_{22} & \cdots & a_{2n}+b_{2n} \\ \vdots & \vdots & \ddots & \vdots \\ a_{m1}+b_{m1} & a_{m2}+b_{m2} & \cdots & a_{mn}+b_{mn} \end{pmatrix}$$

を A と B の和といい，$A+B$ と表す． ◆◆◆

例 2.3.2

$$\begin{pmatrix} 2 & -1 & 4 \\ 1 & 0 & 3 \end{pmatrix} + \begin{pmatrix} 1 & 2 & 1 \\ -1 & 0 & 3 \end{pmatrix} = \begin{pmatrix} 3 & 1 & 5 \\ 0 & 0 & 6 \end{pmatrix}$$

◆◆◆

定義 2.3.3 (行列の実数倍) 実数 c と行列

$$A = \begin{pmatrix} a_{11} & a_{12} & \cdots & a_{1n} \\ a_{21} & a_{22} & \cdots & a_{2n} \\ \vdots & \vdots & \ddots & \vdots \\ a_{m1} & a_{m2} & \cdots & a_{mn} \end{pmatrix}$$

に対し，A の各成分を c 倍して得られる行列

$$\begin{pmatrix} ca_{11} & ca_{12} & \cdots & ca_{1n} \\ ca_{21} & ca_{22} & \cdots & ca_{2n} \\ \vdots & \vdots & \ddots & \vdots \\ ca_{m1} & ca_{m2} & \cdots & ca_{mn} \end{pmatrix}$$

を A の c 倍といい，cA と表す． 

例 2.3.4

$$(-3)\begin{pmatrix} 2 & 1 \\ 1 & -1 \end{pmatrix} = \begin{pmatrix} -6 & -3 \\ -3 & 3 \end{pmatrix}$$

◆◆◆

行列の積は，これまでの演算と比べかなり複雑な計算となる．その原因は，行列の演算が線形写像の合成という概念に対応していることによる．このことは第5章で述べるが，今は定義だけ述べておくことにしよう．

定義 2.3.5 (行列の積) 2つの行列 A, B に対しその積 AB を定義するのは，

行列Aの列の個数 ＝ 行列Bの行の個数

となる場合に限る(注．すなわち行列 A が，$m \times k$ 型の行列

$$A = \underbrace{\begin{pmatrix} a_{11} & a_{12} & \cdots & a_{1k} \\ a_{21} & a_{22} & \cdots & a_{2k} \\ \vdots & \vdots & \ddots & \vdots \\ a_{m1} & a_{m2} & \cdots & a_{mk} \end{pmatrix}}_{k\text{ 列}}$$

(注 もちろん，積 BA が定義されるのは，「行列 B の列の個数 ＝ 行列 A の行の個数」のときに限る．つまり，2つの行列の積は，「左側の行列の列の個数 ＝ 右側の行列の行の個数」となるとき定義される．

行列 B が，$k \times n$ 型の行列

$$B = \left.\begin{pmatrix} b_{11} & b_{12} & \cdots & b_{1n} \\ b_{21} & b_{22} & \cdots & b_{2n} \\ \vdots & \vdots & \ddots & \vdots \\ b_{k1} & b_{k2} & \cdots & b_{kn} \end{pmatrix}\right\} k \text{ 行}$$

であるときに積 AB は $m \times n$ 型の行列であって，その (i, j) 成分は

$$a_{i1}b_{1j} + a_{i2}b_{2j} + \cdots + a_{ik}b_{kj}$$

で定義される．これは行列 A の第 i 行

$$\begin{pmatrix} a_{i1} & a_{i2} & \cdots & a_{ik} \end{pmatrix}$$

の成分 $a_{i1}, a_{i2}, \cdots, a_{ik}$ と，行列 B の第 j 列

$$\begin{pmatrix} b_{1j} \\ b_{2j} \\ \vdots \\ b_{kj} \end{pmatrix}$$

の成分 $b_{1j}, b_{2j}, \cdots, b_{kj}$ をそれぞれ順にかけ，それらをすべて加えた形である．

例題 2.3.6

$$A = \begin{pmatrix} 1 & 0 & -1 \\ -1 & 2 & 2 \end{pmatrix}, \quad B = \begin{pmatrix} 1 & 3 & -1 \\ -1 & 4 & -1 \\ 2 & 4 & -2 \end{pmatrix}$$

のとき，積 AB を計算せよ．

解答　この積の $(1,1)$ 成分は A の第 1 行と B の第 1 列

$$\begin{pmatrix} 1 & 0 & -1 \end{pmatrix}, \quad \begin{pmatrix} 1 \\ -1 \\ 2 \end{pmatrix}$$

で計算され，それは

$$1 \times 1 + 0 \times (-1) + (-1) \times 2 = -1$$

である．同様にして各成分を求めると，

$$AB = \begin{pmatrix} -1 & -1 & 1 \\ 1 & 13 & -5 \end{pmatrix}$$

となる．

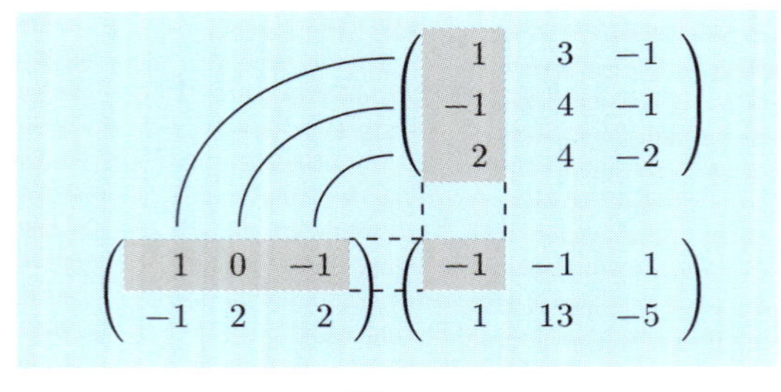

図 2.1

□

注意　これらの演算は，実数の演算と同様に次の性質をもつ．

(1)　$A + B = B + A, \quad A + O = O + A = A$
(2)　$A + (B + C) = (A + B) + C$
(3)　$(AB)C = A(BC)$
(4)　$AE = EA = A, \quad AO = O, \quad OA = O$
(5)　$A(B + C) = AB + AC, \quad (A + B)C = AC + BC$
(6)　$0A = O, \quad 1A = A$
(7)　$(ab)A = a(bA), \quad (aA)B = A(aB) = a(AB)$
(8)　$a(A + B) = aA + aB, \quad (a + b)A = aA + bA$

これらの性質の中で (2) を和に関する**結合律**，(3) を積に関する**結合律**という．これらが成立していることの意義は大きい．例えば和に関する結合律が成り立たない演算に対しては，次のような表現を用いることは出来ない．

$$A + B + C$$

なぜなら，この 3 つの行列の和を計算する際，その順序は与えられていないので $(A + B) + C$ と計算する場合と $A + (B + C)$ と計算する場合が考えられる．従って，この計算結果が等しくないのであれば，$A + B + C$ という表現は，曖昧さのある表現となってしまうからである．和に関する結合律，積に関する結

合律は，

$$A+B+C, \quad ABC$$

という表現の有効性を与えている．もちろん，一般化して

$$A_1+A_2+\cdots+A_n, \quad A_1A_2\cdots A_n$$

という表現も有効である．以後，A が正方行列のとき，

$$\underbrace{AA\cdots A}_{n\text{ 個}} \quad \text{を} \quad A^n$$

と表すことにする．便宜上 A^0 は，単位行列を表すことと約束する．

例題 2.3.7 n を自然数とする．次の行列 A に対し，A^n を計算せよ．

$$A=\begin{pmatrix} 0 & 1 & 0 \\ 1 & 0 & 0 \\ 0 & 0 & 1 \end{pmatrix}$$

解答 n はいろいろな自然数の代表なので，A^n という表現は無限個の行列を表している．このまま一般的な状態を計算することは出来ないので，まず n が $2, 3, 4$ の場合を計算してみよう．

$$A^2=\begin{pmatrix} 0 & 1 & 0 \\ 1 & 0 & 0 \\ 0 & 0 & 1 \end{pmatrix}\begin{pmatrix} 0 & 1 & 0 \\ 1 & 0 & 0 \\ 0 & 0 & 1 \end{pmatrix}=\begin{pmatrix} 1 & 0 & 0 \\ 0 & 1 & 0 \\ 0 & 0 & 1 \end{pmatrix}=E$$

$$A^3=A^2A=EA=A$$

$$A^4=A^2A^2=EE=E$$

この計算より，

(1) n が偶数のとき，すなわち $n=2k$ と表されるとき，

$$A^{2k}=(A^2)^k=(E)^k=E$$

(2) n が奇数のとき，すなわち $n=2k+1$ と表されるとき，

$$A^{2k+1}=A^{2k}A=EA=A$$

となる． □

行列に関する演算について，実数の演算と異なる性質もいくつかある．大きく異なるのは次のように積に関することなどである．

(1) 実数の場合，$ab = ba$ である．しかし行列の場合，積 AB が定義されても積 BA が定義されるとは限らないし，定義されたとしても必ずしも $AB = BA$ とならない．

(2) 実数の場合，$ab = 0$ ならば $a = 0$ または $b = 0$ である．しかし行列の場合，積$AB = O$のときでも，$A \neq O$，$B \neq O$という場合がある．

例 2.3.8

(1) $A = \begin{pmatrix} 1 & 0 & -1 \\ 1 & 2 & 3 \end{pmatrix}$， $B = \begin{pmatrix} 0 & 0 \\ -1 & 3 \\ 3 & 4 \end{pmatrix}$

のとき，

$$AB = \begin{pmatrix} -3 & -4 \\ 7 & 18 \end{pmatrix}, \quad BA = \begin{pmatrix} 0 & 0 & 0 \\ 2 & 6 & 10 \\ 7 & 8 & 9 \end{pmatrix}$$

(2) $\begin{pmatrix} -5 & 2 & -1 \\ -10 & 4 & -2 \\ 5 & -2 & 1 \end{pmatrix} \begin{pmatrix} 0 & 1 & 1 \\ 1 & 2 & 3 \\ 2 & -1 & 1 \end{pmatrix} = \begin{pmatrix} 0 & 0 & 0 \\ 0 & 0 & 0 \\ 0 & 0 & 0 \end{pmatrix}$ ◆◆◆

2.4 ベ ク ト ル

定義 2.4.1 （行ベクトル，列ベクトル） 1行のみからなる行列，また1列のみからなる行列，すなわち $1 \times n$ 行列

$$(a_1 \quad a_2 \quad \cdots \quad a_n)$$

と $m \times 1$ 行列

$$\begin{pmatrix} b_1 \\ b_2 \\ \vdots \\ b_m \end{pmatrix}$$

をそれぞれ，**行ベクトル**，**列ベクトル**と呼ぶ．行ベクトル，列ベクトルをまと

めて**ベクトル**と呼ぶ．特にその大きさを表現したいときは，n 次行ベクトル，m 次列ベクトルという．これらのベクトルを表すときは，アルファベットの小文字の太字

$$\boldsymbol{a}, \boldsymbol{b}, \boldsymbol{x}, \boldsymbol{y}, \boldsymbol{a}_1, \boldsymbol{a}_2, \cdots$$

を用いる．また，全ての成分が 0 であるベクトルを**零ベクトル**といい，数字の 0 の太字 $\boldsymbol{0}$ で表す． ◆◆◆

行列のベクトル表示　いくつかのベクトルから行列を作る，または逆に行列の行または列からベクトルを作るときがある．例えば，次の 3 つの列ベクトル

$$\boldsymbol{a}_1 = \begin{pmatrix} 1 \\ 3 \\ 1 \end{pmatrix}, \quad \boldsymbol{a}_2 = \begin{pmatrix} 0 \\ 1 \\ 1 \end{pmatrix}, \quad \boldsymbol{a}_3 = \begin{pmatrix} -2 \\ 2 \\ 2 \end{pmatrix}$$

に対し，

$$A = \begin{pmatrix} 1 & 0 & -2 \\ 3 & 1 & 2 \\ 1 & 1 & 2 \end{pmatrix}$$

を作る．このとき

$$A = (\boldsymbol{a}_1 \quad \boldsymbol{a}_2 \quad \boldsymbol{a}_3)$$

と表すことがある．また逆に行列 A が

$$A = \begin{pmatrix} 1 & 0 & -2 \\ 3 & 1 & 2 \\ 1 & 1 & 2 \end{pmatrix}$$

と与えられたとき，

$$A = (\boldsymbol{a}_1 \quad \boldsymbol{a}_2 \quad \boldsymbol{a}_3)$$

と表したら，各ベクトル $\boldsymbol{a}_1$, $\boldsymbol{a}_2$, $\boldsymbol{a}_3$ は，

$$\boldsymbol{a}_1 = \begin{pmatrix} 1 \\ 3 \\ 1 \end{pmatrix}, \quad \boldsymbol{a}_2 = \begin{pmatrix} 0 \\ 1 \\ 1 \end{pmatrix}, \quad \boldsymbol{a}_3 = \begin{pmatrix} -2 \\ 2 \\ 2 \end{pmatrix}$$

と約束する．また行ベクトルを用いても同様なことが考えられる．すなわち

$$A = \begin{pmatrix} \boldsymbol{b}_1 \\ \boldsymbol{b}_2 \\ \boldsymbol{b}_3 \end{pmatrix}, \quad \boldsymbol{b}_1 = (1 \quad 0 \quad -2), \quad \boldsymbol{b}_2 = (3 \quad 1 \quad 2), \quad \boldsymbol{b}_3 = (1 \quad 1 \quad 2)$$

例題 2.4.2　行列 A が n 個の m 次列ベクトルにより,

$$A = (\boldsymbol{a}_1 \quad \boldsymbol{a}_2 \quad \cdots \quad \boldsymbol{a}_n)$$

と表されているとき

$$A \begin{pmatrix} x_1 \\ x_2 \\ \vdots \\ x_n \end{pmatrix} = x_1\boldsymbol{a}_1 + x_2\boldsymbol{a}_2 + \cdots + x_n\boldsymbol{a}_n$$

となることを示せ.

解答　いま

$$A = \begin{pmatrix} a_{11} & a_{12} & \cdots & a_{1n} \\ a_{21} & a_{22} & \cdots & a_{2n} \\ \vdots & \vdots & \ddots & \vdots \\ a_{m1} & a_{m2} & \cdots & a_{mn} \end{pmatrix}$$

とする. このとき,

$$\boldsymbol{a}_1 = \begin{pmatrix} a_{11} \\ a_{21} \\ \vdots \\ a_{m1} \end{pmatrix}, \quad \boldsymbol{a}_2 = \begin{pmatrix} a_{12} \\ a_{22} \\ \vdots \\ a_{m2} \end{pmatrix}, \quad \cdots, \quad \boldsymbol{a}_n = \begin{pmatrix} a_{1n} \\ a_{2n} \\ \vdots \\ a_{mn} \end{pmatrix}$$

である. ここで

$$A \begin{pmatrix} x_1 \\ x_2 \\ \vdots \\ x_n \end{pmatrix} = \begin{pmatrix} a_{11} & a_{12} & \cdots & a_{1n} \\ a_{21} & a_{22} & \cdots & a_{2n} \\ \vdots & \vdots & \ddots & \vdots \\ a_{m1} & a_{m2} & \cdots & a_{mn} \end{pmatrix} \begin{pmatrix} x_1 \\ x_2 \\ \vdots \\ x_n \end{pmatrix}$$

$$= \begin{pmatrix} a_{11}x_1 + a_{12}x_2 + \cdots + a_{1n}x_n \\ a_{21}x_1 + a_{22}x_2 + \cdots + a_{2n}x_n \\ \vdots \\ a_{m1}x_1 + a_{m2}x_2 + \cdots + a_{mn}x_n \end{pmatrix}$$

$$= x_1 \begin{pmatrix} a_{11} \\ a_{21} \\ \vdots \\ a_{m1} \end{pmatrix} + x_2 \begin{pmatrix} a_{12} \\ a_{22} \\ \vdots \\ a_{m2} \end{pmatrix} + \cdots + x_n \begin{pmatrix} a_{1n} \\ a_{2n} \\ \vdots \\ a_{mn} \end{pmatrix}$$

$$= x_1\boldsymbol{a}_1 + x_2\boldsymbol{a}_2 + \cdots + x_n\boldsymbol{a}_n$$ □

この章の最後に，数の和を表す記号を紹介しておこう．例えば，10 から 100 までの数をすべて 3 乗して加える，つまり

$$10^3 + 11^3 + 12^3 + \cdots + 100^3$$

という式を表す記号を定義する．それは，

$$\sum_{i=10}^{100} i^3$$

という表現である．この式において，$\displaystyle\sum_{i=10}^{100}$ と書いているのは，文字 i を 10 から 100 まで変化させるということを意味し，さらに i の値に応じて記号 $\displaystyle\sum_{i=10}^{100}$ の右に表されている式 i^3 を計算して全てを加えるということを意味する．ここで使われる文字は i である必要はなく，どんな文字でもよい．

$$\sum_{k=10}^{100} k^3$$

と書いても同じことを意味する．またこの表現は具体的な値の和の表現だけでなく，文字などが入った式にも使われる．例えば

$$\sum_{i=1}^{n} a_i$$

と表せばこれは

$$a_1 + a_2 + \cdots + a_n$$

ということを表している．この表現方法を用いて行列の積における (i, j) 成分を表せば

$$a_{i1}b_{1j} + a_{i2}b_{2j} + \cdots + a_{in}b_{nj} = \sum_{k=1}^{n} a_{ik}b_{kj}$$

となる．

練 習 問 題

1 次の行列の計算をせよ.

(1) $\begin{pmatrix} 1 \\ 1 \\ -2 \end{pmatrix} \begin{pmatrix} 0 & 2 & 1 \end{pmatrix}$ (2) $\begin{pmatrix} 0 & 2 & 1 \end{pmatrix} \begin{pmatrix} 1 \\ 1 \\ -2 \end{pmatrix}$

(3) $\begin{pmatrix} 1 & 0 & 3 & 2 \\ 0 & -2 & 1 & 5 \\ -2 & 1 & 0 & 2 \end{pmatrix} \begin{pmatrix} 2 & 1 & 3 \\ 0 & -1 & 2 \\ 4 & 6 & -3 \\ 8 & 2 & 1 \end{pmatrix}$

(4) $\begin{pmatrix} -2 & 0 & 7 \\ 1 & 3 & 6 \end{pmatrix} \left\{ \begin{pmatrix} 2 & 1 & 8 \\ -3 & 4 & 7 \\ 0 & 1 & -2 \end{pmatrix} - 2 \begin{pmatrix} 1 & 2 & -4 \\ 1 & -5 & 0 \\ 3 & -2 & -7 \end{pmatrix} \right\}$

(5) $\begin{pmatrix} x & y & z \end{pmatrix} \begin{pmatrix} 1 & -2 & 2 \\ 2 & 2 & -7 \\ -2 & 7 & 3 \end{pmatrix} \begin{pmatrix} x \\ y \\ z \end{pmatrix}$

2 次の行列 A に対し，A^2, A^3, A^n を計算せよ.

(1) $\begin{pmatrix} 0 & 1 & 0 \\ 0 & 0 & 1 \\ 1 & 0 & 0 \end{pmatrix}$ (2) $\begin{pmatrix} -\frac{1}{2} & 0 & \frac{\sqrt{3}}{2} \\ 0 & 1 & 0 \\ -\frac{\sqrt{3}}{2} & 0 & -\frac{1}{2} \end{pmatrix}$

(3) $\begin{pmatrix} 0 & 0 & 0 \\ 2 & 0 & 1 \\ 1 & 3 & 0 \end{pmatrix}$

3 次の行列 A, B に対し，$(AB)^n$ を計算せよ.

(1) $A = \begin{pmatrix} 1 \\ 1 \\ -2 \end{pmatrix}$, $B = \begin{pmatrix} 0 & 2 & 1 \end{pmatrix}$

(2) $A = \begin{pmatrix} 1 \\ 1 \\ 0 \\ -1 \end{pmatrix}$, $B = \begin{pmatrix} 0 & -1 & 0 & 1 \end{pmatrix}$

第3章 連立1次方程式

数学においても応用の分野においても，方程式を解くことが必要となっている．多くの方程式の中で連立１次方程式は，その基礎として重要なものの１つである．この章において連立１次方程式の解法と解の性質を述べる．

3.1 連立1次方程式

いくつかの条件を満たす数を求めるとき，求めたい数を文字で表し（これを未知数という），条件をその未知数の式で表したものを方程式という．中学で習う連立１次方程式も，この方程式の１つで，例えば

$$\begin{cases} 3x + y = 1 \\ x - y = 3 \end{cases}$$

である．各式が，未知数に関する１次式で書かれていることが，１次方程式という名前の由来である．

この場合，２つの式を同時に満たす未知数 x, y の値を，連立１次方程式の**解**といい（この場合 $x = 1, y = -2$ である），解を求めることを方程式を解くという．中学においては，連立１次方程式の解が１組だけ存在する場合を扱っている．しかし，方程式の解はいつも１組であるとは限らない．例えば，連立１次方程式

$$\begin{cases} 3x + y = 1 \\ 6x + 2y = 2 \end{cases}$$

は，多くの解をもつ．なぜなら第１式の両辺を２倍したものが第２式であるの

で，第1式を満たす未知数の値は，第2式も満たす．従ってこの方程式の解は

$$3x + y = 1$$

を満たす未知数の値すべてということになり，例えば $(x, y) = (1, -2), (0, 1), \cdots$ などが解となる．実はこのとき無数の解が存在する．また，

$$\begin{cases} 3x + y = 1 \\ 3x + y = 0 \end{cases}$$

は解をもたない．第1式を満たす未知数の値は，第2式を満たすことが出来ないからである．

以上のように連立1次方程式の解は，

(1)　解が1組だけ存在する．
(2)　解が無数に存在する．
(3)　解が存在しない．

という3通りの場合があり，特に解が無数に存在するときは，それらの解をどのように表すのかということも重要な課題となる．

連立1次方程式を解くというのは，解が存在するか存在しないかを述べることであり，また解が無数に存在するとき，それらの解を表現する方法を与えることである．

大学で学ぶ連立1次方程式は，もちろん中学で学ぶ連立1次方程式を一般化したものである．ここでは，未知数・式の個数が3以上となるばかりではなく，未知数・式の個数が異なる場合も扱う．一般の連立1次方程式は，次のように表される．未知数を $x_1, x_2, \cdots, x_n$ とし，式の個数を m として

$$\begin{cases} a_{11}x_1 + a_{12}x_2 + \cdots + a_{1n}x_n = b_1 \\ a_{21}x_1 + a_{22}x_2 + \cdots + a_{2n}x_n = b_2 \\ \cdots \\ a_{m1}x_1 + a_{m2}x_2 + \cdots + a_{mn}x_n = b_m \end{cases}$$

となる．また連立1次方程式は，次のような形で表されることもある．行列と

ベクトルの積を用いて，

$$\begin{pmatrix} a_{11} & a_{12} & \cdots & a_{1n} \\ a_{21} & a_{22} & \cdots & a_{2n} \\ \vdots & \vdots & \ddots & \vdots \\ a_{m1} & a_{m2} & \cdots & a_{mn} \end{pmatrix} \begin{pmatrix} x_1 \\ x_2 \\ \vdots \\ x_n \end{pmatrix} = \begin{pmatrix} b_1 \\ b_2 \\ \vdots \\ b_m \end{pmatrix}$$

また，ベクトルのみを用いて

$$x_1 \begin{pmatrix} a_{11} \\ a_{21} \\ \vdots \\ a_{m1} \end{pmatrix} + x_2 \begin{pmatrix} a_{12} \\ a_{22} \\ \vdots \\ a_{m2} \end{pmatrix} + \cdots + x_n \begin{pmatrix} a_{1n} \\ a_{2n} \\ \vdots \\ a_{mn} \end{pmatrix} = \begin{pmatrix} b_1 \\ b_2 \\ \vdots \\ b_m \end{pmatrix}$$

と表すこともある．このようなとき，その表現を簡単にするために，各行列・ベクトルに名前を付けて表すこともある．例えば

$$A = \begin{pmatrix} a_{11} & a_{12} & \cdots & a_{1n} \\ a_{21} & a_{22} & \cdots & a_{2n} \\ \vdots & \vdots & \ddots & \vdots \\ a_{m1} & a_{m2} & \cdots & a_{mn} \end{pmatrix}, \quad \boldsymbol{b} = \begin{pmatrix} b_1 \\ b_2 \\ \vdots \\ b_m \end{pmatrix}, \quad \boldsymbol{x} = \begin{pmatrix} x_1 \\ x_2 \\ \vdots \\ x_n \end{pmatrix}$$

そして，

$$\boldsymbol{a}_1 = \begin{pmatrix} a_{11} \\ a_{21} \\ \vdots \\ a_{m1} \end{pmatrix}, \quad \boldsymbol{a}_2 = \begin{pmatrix} a_{12} \\ a_{22} \\ \vdots \\ a_{m2} \end{pmatrix}, \quad \cdots, \quad \boldsymbol{a}_n = \begin{pmatrix} a_{1n} \\ a_{2n} \\ \vdots \\ a_{mn} \end{pmatrix}$$

とし，連立 1 次方程式を

$$A\boldsymbol{x} = \boldsymbol{b}$$

$$x_1\boldsymbol{a}_1 + x_2\boldsymbol{a}_2 + \cdots + x_n\boldsymbol{a}_n = \boldsymbol{b}$$

などと表す．

連立1次方程式から得られる行列およびベクトル

$$\begin{pmatrix} a_{11} & a_{12} & \cdots & a_{1n} \\ a_{21} & a_{22} & \cdots & a_{2n} \\ \vdots & \vdots & \ddots & \vdots \\ a_{m1} & a_{m2} & \cdots & a_{mn} \end{pmatrix}, \quad \begin{pmatrix} b_1 \\ b_2 \\ \vdots \\ b_m \end{pmatrix}$$

をこの連立1次方程式の**係数行列**および**定数項ベクトル**といい，この係数行列の右側に定数項ベクトルを並べた行列

$$\left(\begin{array}{cccc:c} a_{11} & a_{12} & \cdots & a_{1n} & b_1 \\ a_{21} & a_{22} & \cdots & a_{2n} & b_2 \\ \vdots & \vdots & \ddots & \vdots & \vdots \\ a_{m1} & a_{m2} & \cdots & a_{mn} & b_m \end{array}\right)$$

を連立1次方程式の**拡大係数行列**という．

例 3.1.1 連立1次方程式

$$\begin{cases} 2x_1 + 3x_2 - 3x_3 + x_4 = 2 \\ x_1 - 2x_2 + 4x_3 - x_4 = 3 \\ 3x_1 + x_2 \qquad\quad - 2x_4 = 0 \end{cases}$$

の係数行列を求める際，少し注意が必要である．それは第3式に，未知数 x_3 がないことである．この場合，

$$3x_1 + x_2 - 2x_4 = 0 \quad \Longleftrightarrow \quad 3x_1 + x_2 + 0x_3 - 2x_4 = 0$$

と考えられるので，この連立1次方程式の係数行列は

$$\begin{pmatrix} 2 & 3 & -3 & 1 \\ 1 & -2 & 4 & -1 \\ 3 & 1 & 0 & -2 \end{pmatrix}$$

そして拡大係数行列は

$$\left(\begin{array}{cccc:c} 2 & 3 & -3 & 1 & 2 \\ 1 & -2 & 4 & -1 & 3 \\ 3 & 1 & 0 & -2 & 0 \end{array}\right)$$

となる．またこの連立 1 次方程式の別の表現として

$$\begin{pmatrix} 2 & 3 & -3 & 1 \\ 1 & -2 & 4 & -1 \\ 3 & 1 & 0 & -2 \end{pmatrix} \begin{pmatrix} x_1 \\ x_2 \\ x_3 \\ x_4 \end{pmatrix} = \begin{pmatrix} 2 \\ 3 \\ 0 \end{pmatrix},$$

$$x_1 \begin{pmatrix} 2 \\ 1 \\ 3 \end{pmatrix} + x_2 \begin{pmatrix} 3 \\ -2 \\ 1 \end{pmatrix} + x_3 \begin{pmatrix} -3 \\ 4 \\ 0 \end{pmatrix} + x_4 \begin{pmatrix} 1 \\ -1 \\ -2 \end{pmatrix} = \begin{pmatrix} 2 \\ 3 \\ 0 \end{pmatrix}$$

などが挙げられる．

3.2 連立 1 次方程式の解法 (1)

本節では，まず中学で学ぶ解が 1 組である連立 1 次方程式の解法を述べよう．

連立 1 次方程式は，解が見つけやすい形と見つけにくい形がある．例えば最も解が見つけやすい形の 1 つは

$$\begin{cases} x_1 \qquad = 1 \\ \qquad x_2 = 2 \end{cases}$$

である．また

$$\begin{cases} x_1 - 2x_2 = -3 \\ \qquad x_2 = 2 \end{cases}$$

なども解を見つけやすい形をしている．これに対し

$$\begin{cases} x_1 - 2x_2 = -3 \\ 2x_1 - 3x_2 = -4 \end{cases}$$

などは，解がすぐには見つけられない．これらは皆同じ解 $x_1 = 1$，$x_2 = 2$ をもつ連立 1 次方程式である．実は，これらの連立 1 次方程式は，ある変形で移りあう．この変形は

連立 1 次方程式の形は変えるが，解は変えない

という性質をもつ次の**式の基本変形**と呼ばれる変形である（その証明は付録 A.6 節で与える）．

定義 3.2.1　式の基本変形

(I)　1つの式を何倍かする（ただし0倍はしない）.

(II)　2つの式を入れ替える.

(III)　1つの式に，他の式を何倍かしたものを加える. 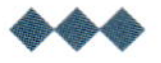

上の例では，解の得やすい形から解の求めにくい形に変形していったが，この逆の操作をして，連立1次方程式を解の求めやすい形に変形すれば，解が得られる.

例 3.2.2　この変形を用いて次の連立1次方程式を，簡単な形に変形してみよう.

$$\begin{cases} 2x_1 - 3x_2 = 0 \\ x_1 - 3x_2 = 3 \end{cases}$$

を簡単な形

$$\begin{cases} x_1 \qquad = * \\ \qquad x_2 = * \end{cases}$$

に変形すればよいので，まず第2式を (-2) 倍したものを第1式に加え（変形(III)）

$$\begin{cases} \qquad 3x_2 = -6 \\ x_1 - 3x_2 = 3 \end{cases}$$

となり，ここで第1式を $\dfrac{1}{3}$ 倍すると（変形(I)）

$$\begin{cases} \qquad x_2 = -2 \\ x_1 - 3x_2 = 3 \end{cases}$$

となる．また第1式を3倍したものを第2式の加えて（変形(III)）

$$\begin{cases} \qquad x_2 = -2 \\ x_1 \qquad = -3 \end{cases}$$

さらに第1式と第2式を入れ替えて（変形(II)）

$$\begin{cases} x_1 \qquad = -3 \\ \qquad x_2 = -2 \end{cases}$$

を得る．従って解は $x_1 = -3, x_2 = -2$ である. 

このように 3 つの基本変形を用いて連立 1 次方程式の解を求める方法を**掃きだし法**という．この掃きだし法は，連立 1 次方程式において各未知数の係数および定数項のみを変形しているので，この変形は拡大係数行列の変形として

$$\left(\begin{array}{cc|c} 2 & -3 & 0 \\ 1 & -3 & 3 \end{array}\right) \to \left(\begin{array}{cc|c} 0 & 3 & -6 \\ 1 & -3 & 3 \end{array}\right) \to \left(\begin{array}{cc|c} 0 & 1 & -2 \\ 1 & -3 & 3 \end{array}\right)$$

$$\to \left(\begin{array}{cc|c} 0 & 1 & -2 \\ 1 & 0 & -3 \end{array}\right) \to \left(\begin{array}{cc|c} 1 & 0 & -3 \\ 0 & 1 & -2 \end{array}\right)$$

として表すことが出来る．この場合の変形は，式の変形に対応して，次の行に関する変形が行われていることは明らかであろう．

行に関する行列の基本変形

(1)　1 つの行を何倍かする（ただし 0 倍はしない）．
(2)　2 つの行を入れ替える．
(3)　1 つの行に，他の行を何倍かしたものを加える．

以後連立 1 次方程式を解くときには，拡大係数行列の基本変形を行い簡単な連立 1 次方程式を求めていく．

例題 3.2.3　次の連立 1 次方程式を解け．

$$\begin{cases} x_1 - 2x_2 + x_3 = 0 \\ x_2 + 2x_3 = 1 \\ 2x_1 - x_2 - 2x_3 = 23 \end{cases}$$

解答　この連立 1 次方程式の拡大係数行列

$$\left(\begin{array}{ccc|c} 1 & -2 & 1 & 0 \\ 0 & 1 & 2 & 1 \\ 2 & -1 & -2 & 23 \end{array}\right)$$

を，次のような形に変形すればよい．

$$\left(\begin{array}{ccc|c} 1 & 0 & 0 & * \\ 0 & 1 & 0 & * \\ 0 & 0 & 1 & * \end{array}\right)$$

そこで

$$
\left(\begin{array}{ccc|c} 1 & -2 & 1 & 0 \\ 0 & 1 & 2 & 1 \\ 2 & -1 & -2 & 23 \end{array}\right)
$$

↓ 第3行に第1行 × (−2) を加える

$$
\left(\begin{array}{ccc|c} 1 & -2 & 1 & 0 \\ 0 & 1 & 2 & 1 \\ 0 & 3 & -4 & 23 \end{array}\right)
$$

↓ 第1行に第2行 × 2 を，第3行に第2行 × (−3) を加える

$$
\left(\begin{array}{ccc|c} 1 & 0 & 5 & 2 \\ 0 & 1 & 2 & 1 \\ 0 & 0 & -10 & 20 \end{array}\right)
$$

↓ 第3行を $(-\frac{1}{10})$ 倍する

$$
\left(\begin{array}{ccc|c} 1 & 0 & 5 & 2 \\ 0 & 1 & 2 & 1 \\ 0 & 0 & 1 & -2 \end{array}\right)
$$

↓ 第1行に第3行 × (−5) を，第2行に第3行 × (−2) を加える

$$
\left(\begin{array}{ccc|c} 1 & 0 & 0 & 12 \\ 0 & 1 & 0 & 5 \\ 0 & 0 & 1 & -2 \end{array}\right)
$$

となる．これは連立1次方程式

$$
\begin{cases} x_1 = 12 \\ x_2 = 5 \\ x_3 = -2 \end{cases}
$$

を意味するので，解は

$$
\begin{pmatrix} x_1 \\ x_2 \\ x_3 \end{pmatrix} = \begin{pmatrix} 12 \\ 5 \\ -2 \end{pmatrix}
$$

□

問 3.2.4　次の連立1次方程式を解け．

$$
\begin{cases} x_1 + 2x_2 - x_3 - x_4 = 1 \\ -x_1 - x_2 + x_3 = 2 \\ x_2 - x_3 + x_4 = 0 \\ 2x_1 + 2x_2 - x_3 - x_4 = -1 \end{cases}
$$

3.3 簡約な行列

一般の連立1次方程式においては，掃きだし法でその係数行列が単位行列に変形出来るとは限らない．このことは，未知数の個数と式の個数が異なれば当然のことであるが，それらの個数が同じでも起こりうる．

例題 3.3.1 次の連立1次方程式を解け．

$$\begin{cases} x_1 + x_2 + x_3 = 1 \\ 2x_1 - x_2 - 4x_3 = 1 \\ 3x_1 + 6x_2 + 9x_3 = 4 \end{cases}$$

解答 拡大係数行列に対し，掃きだし法を行う．

$$\left(\begin{array}{ccc|c} 1 & 1 & 1 & 1 \\ 2 & -1 & -4 & 1 \\ 3 & 6 & 9 & 4 \end{array}\right)$$

↓ 第2行に第1行 × (−2) を，第3行に第1行 × (−3) を加える

$$\left(\begin{array}{ccc|c} 1 & 1 & 1 & 1 \\ 0 & -3 & -6 & -1 \\ 0 & 3 & 6 & 1 \end{array}\right)$$

↓ 第2行を $(-\frac{1}{3})$ 倍する

$$\left(\begin{array}{ccc|c} 1 & 1 & 1 & 1 \\ 0 & 1 & 2 & \frac{1}{3} \\ 0 & 3 & 6 & 1 \end{array}\right)$$

↓ 第1行に第2行 × (−1) を，第3行に第2行 × (−3) を加える

$$\left(\begin{array}{ccc|c} 1 & 0 & -1 & \frac{2}{3} \\ 0 & 1 & 2 & \frac{1}{3} \\ 0 & 0 & 0 & 0 \end{array}\right)$$

係数行列部分は単位行列に変形されない．しかし連立1次方程式は

$$\begin{cases} x_1 \qquad - \ x_3 = \frac{2}{3} \\ \qquad x_2 + 2x_3 = \frac{1}{3} \\ 0x_1 + 0x_2 + 0x_3 = 0 \end{cases}$$

となり，はじめの方程式よりも簡潔な形をしている．後で述べるが，実際このように変形されていると解を求めることが容易となる．□

この例題が示すように，一般の方程式を変形するときにはその目標となる形を単位行列以外の簡単な行列に設定しておかなければならない．そこでその行列の形を定義しよう．この行列を簡約な行列と呼ぶが，その前に行列の行に関する次の定義をしておこう．

定義 3.3.2　零ベクトルでない行ベクトルにおいて，0 でない成分のうち 1 番左にあるものを，その行の**主成分**という．◆◆◆

例 3.3.3　行列

$$\begin{pmatrix} 0 & 0 & -1 & 1 \\ 0 & 0 & 0 & 0 \\ 2 & 1 & 2 & 3 \end{pmatrix}$$

において，第 1 行の主成分は -1，第 2 行の主成分はなし，そして第 3 行の主成分は 2 である．◆◆◆

定義 3.3.4　**（簡約な行列）**次の 4 つの条件を満たす行列を簡約な行列という．

(i)　行の中に零ベクトルがあるときは，それより下にある行はすべて零ベクトルである．

(ii)　主成分は 1 である．

(iii)
- 第 1 行の主成分がおかれている列の番号を j_1
- 第 2 行の主成分がおかれている列の番号を j_2
- $\cdots$

とするとき，$j_1 < j_2 < \cdots$ となっている．

(iv)　各行の主成分を含む列（第 j_1 列，第 j_2 列，$\cdots$）において，主成分以外の成分は全て 0 である．◆◆◆

注意　条件 (iii) は，各行の主成分の配置の仕方を表す．第 1 行，第 2 行，$\cdots$ と主成分の位置を見てゆくとき，主成分の位置は右にずれてゆくこと表す（何列ずれるかは問題にしない）．

例題 3.3.5 次の行列が簡約な行列であるかどうかを調べよ．

(1) 単位行列 (2) 零行列

(3) $\begin{pmatrix} 1 & 0 & 0 & 2 \\ 0 & 1 & 0 & -2 \\ 0 & 0 & 1 & 3 \\ 0 & 0 & 0 & 0 \\ 0 & 0 & 0 & 0 \end{pmatrix}$ (4) $\begin{pmatrix} 0 & 0 & 0 & 0 \\ -1 & 0 & 1 & 2 \\ 0 & 1 & 3 & -2 \end{pmatrix}$

(5) $\begin{pmatrix} 1 & 0 & 0 & 0 & 0 \\ 2 & 0 & 1 & 2 & 3 \\ 0 & 1 & 4 & -2 & 0 \\ 0 & 0 & 0 & 0 & 0 \end{pmatrix}$ (6) $\begin{pmatrix} 1 & 2 & 0 & 1 & 0 \\ 0 & 0 & 1 & 3 & 0 \\ 0 & 0 & 0 & 0 & 1 \\ 0 & 0 & 0 & 0 & 0 \end{pmatrix}$

解答 簡約な行列は，単位行列，零行列，(3), (6) である．(4) は，条件 (i), (ii) を満たしていないので簡約な行列でない．(5) は，条件 (iii), (iv) を満たしていないので簡約な行列でない． □

ここで簡約でない行列 (4), (5) を行列の行に関する基本変形を用いて簡約な行列に変形してみよう．

(4) 与えられた行列に対して，第 1 行と第 3 行を入れ替えて

$$\begin{pmatrix} 0 & 1 & 3 & -2 \\ -1 & 0 & 1 & 2 \\ 0 & 0 & 0 & 0 \end{pmatrix}$$

さらに，この行列において，第 1 行と第 2 行を入れ替えて

$$\begin{pmatrix} -1 & 0 & 1 & 2 \\ 0 & 1 & 3 & -2 \\ 0 & 0 & 0 & 0 \end{pmatrix}$$

第 1 行の主成分を 1 にするために，第 1 行を (-1) 倍して

$$\begin{pmatrix} 1 & 0 & -1 & -2 \\ 0 & 1 & 3 & -2 \\ 0 & 0 & 0 & 0 \end{pmatrix}$$

となり，簡約な行列となる．

(5) 与えられた行列に対して，第1行 $\times(-2)$ を第2行に加えると，

$$\begin{pmatrix} 1 & 0 & 0 & 0 & 0 \\ 0 & 0 & 1 & 2 & 3 \\ 0 & 1 & 4 & -2 & 0 \\ 0 & 0 & 0 & 0 & 0 \end{pmatrix}$$

さらに，この行列の第2行と第3行を入れ替えると

$$\begin{pmatrix} 1 & 0 & 0 & 0 & 0 \\ 0 & 1 & 4 & -2 & 0 \\ 0 & 0 & 1 & 2 & 3 \\ 0 & 0 & 0 & 0 & 0 \end{pmatrix}$$

となる．この行列の第2行に第3行 $\times(-4)$ を加えると，

$$\begin{pmatrix} 1 & 0 & 0 & 0 & 0 \\ 0 & 1 & 0 & -10 & -12 \\ 0 & 0 & 1 & 2 & 3 \\ 0 & 0 & 0 & 0 & 0 \end{pmatrix}$$

これは簡約な行列である．

例題3.3.5の行列は，かなり簡約な行列に近い形をしているので，簡単に簡約な行列に変形出来た．しかし，このことは一般の行列についても可能である．

定理 3.3.6 任意の行列は，行に関する基本変形を繰り返し行うことにより簡約な行列に変形される．また，変形の仕方によらず出来上がった簡約な行列はただ1通りに決まる．

簡約行列がただ1通りに決まることの証明は，付録A.8で与えるが，与えられた行列を簡約な行列に変形する方法を例を用いて述べておく．まず次の注意から始めよう．

注意 (1) 行列の列が零ベクトル（全ての成分が0）でないとき，行に関する基本変形で，その列は零ベクトルに変形されない．また逆に零ベクトルである列は，行に関する基本変形で，零ベクトルでない列とならない．

(2) 簡約な行列の主成分のある列において，主成分の配置の仕方 (条件 (iii)) より，主成分の下にある数は，全て0となっている．条件 (iv) は，主成分の上にある数までも0であることを要求している．

さて次の行列

$$\begin{pmatrix} 0 & 0 & 1 & 1 & 2 & 0 \\ 0 & 1 & 1 & 1 & 0 & 5 \\ 0 & 2 & -3 & 1 & -2 & 2 \end{pmatrix}$$

を簡約化しよう．

各行の1番左にある数を見てゆこう．つまり行列の第1列にある数を見てゆく．このとき，第1列は零ベクトルである．上の**注意** (1) で述べたように，基本変形でこの列を零ベクトルでないように出来ないので，第1列に主成分をもつ行はつくれない．従って各行の主成分が出てくる列は第2列目以降となる．そこで第2列を見てゆく．このとき第1行の主成分が0で第2行の主成分が1である．これでは簡約な行列の条件にあてはまらないので，第2行と第1行を入れ替えて，行列

$$\begin{pmatrix} 0 & 1 & 1 & 1 & 0 & 5 \\ 0 & 0 & 1 & 1 & 2 & 0 \\ 0 & 2 & -3 & 1 & -2 & 2 \end{pmatrix}$$

を得る．**注意** (2) で述べたように，主成分の下にある数は0にしなければならないので，第3行の主成分2を，0にするため，第3行に第1行 $\times(-2)$ を加え，

$$\begin{pmatrix} 0 & 1 & 1 & 1 & 0 & 5 \\ 0 & 0 & 1 & 1 & 2 & 0 \\ 0 & 0 & -5 & -1 & -2 & -8 \end{pmatrix}$$

を得る．ここまでで，第1行の主成分の位置が決まったので，次に第2行以降の主成分の位置を決めていく．この際，上記の行列の第2行目以降（網掛けの

部分）で作られる行列

$$\begin{pmatrix} 0 & 0 & 1 & 1 & 2 & 0 \\ 0 & 0 & -5 & -1 & -2 & -8 \end{pmatrix}$$

について同じことを行えばよいので，第3行に第2行 $\times 5$ を加えて

$$\begin{pmatrix} 0 & 1 & 1 & 1 & 0 & 5 \\ 0 & 0 & 1 & 1 & 2 & 0 \\ 0 & 0 & 0 & 4 & 8 & -8 \end{pmatrix}$$

さらに，主成分を含む列において主成分以外の数をすべて0にしなければならないので，第1行に第2行 $\times (-1)$ を加えて，

$$\begin{pmatrix} 0 & 1 & 0 & 0 & -2 & 5 \\ 0 & 0 & 1 & 1 & 2 & 0 \\ 0 & 0 & 0 & 4 & 8 & -8 \end{pmatrix}$$

となる．第3行の主成分の位置は第4列目で，主成分を1にするため第3行を $\frac{1}{4}$ 倍して

$$\begin{pmatrix} 0 & 1 & 0 & 0 & -2 & 5 \\ 0 & 0 & 1 & 1 & 2 & 0 \\ 0 & 0 & 0 & 1 & 2 & -2 \end{pmatrix}$$

となる．さらに第2行に第3行 $\times (-1)$ を加えて，

$$\begin{pmatrix} 0 & 1 & 0 & 0 & -2 & 5 \\ 0 & 0 & 1 & 0 & 0 & 2 \\ 0 & 0 & 0 & 1 & 2 & -2 \end{pmatrix}$$

を得る．これは簡約な行列である．

定義 3.3.7 行列 A に基本変形を繰り返し行い，簡約な行列に変形することを，行列 A を**簡約化**するといい，その簡約な行列を行列 A の**簡約行列**という．

定理 3.3.6 より，行列 A をどんな方法で簡約化しても，その簡約行列はただ 1 つに決まるので，次の定義は意味をもつ．

定義 3.3.8　行列 A の簡約行列における，主成分の個数を行列 A の**階数**といい，$\mathrm{rank}\, A$ と表す．◆◆◆

例題 3.3.9　次の行列を簡約化し，階数を求めよ．

(1) $\begin{pmatrix} 0 & 1 & 1 & 2 & 0 \\ 1 & 1 & 1 & 0 & 5 \\ 2 & -3 & 1 & -2 & 2 \end{pmatrix}$

(2) $\begin{pmatrix} 1 & 1 & 1 & 1 & 4 \\ 1 & \lambda & 1 & 1 & 4 \\ 2 & 2 & 2 & \lambda & 8 \end{pmatrix}$

解答　(1)　簡約化する．

$$\begin{pmatrix} 0 & 1 & 1 & 2 & 0 \\ 1 & 1 & 1 & 0 & 5 \\ 2 & -3 & 1 & -2 & 2 \end{pmatrix}$$

↓第 1 行と第 2 行とを入れ替える

$$\begin{pmatrix} 1 & 1 & 1 & 0 & 5 \\ 0 & 1 & 1 & 2 & 0 \\ 2 & -3 & 1 & -2 & 2 \end{pmatrix}$$

↓第 3 行に第 1 行 $\times (-2)$ を加える

$$\begin{pmatrix} 1 & 1 & 1 & 0 & 5 \\ 0 & 1 & 1 & 2 & 0 \\ 0 & -5 & -1 & -2 & -8 \end{pmatrix}$$

↓第 1 行に第 2 行 $\times (-1)$ を，第 3 行に第 2 行 $\times 5$ を加える

$$\begin{pmatrix} 1 & 0 & 0 & -2 & 5 \\ 0 & 1 & 1 & 2 & 0 \\ 0 & 0 & 4 & 8 & -8 \end{pmatrix}$$

$$\downarrow \text{第 3 行を} \tfrac{1}{4}\text{倍する}$$

$$\begin{pmatrix} 1 & 0 & 0 & -2 & 5 \\ 0 & 1 & 1 & 2 & 0 \\ 0 & 0 & 1 & 2 & -2 \end{pmatrix}$$

$$\downarrow \text{第 2 行に第 3 行} \times (-1) \text{ を加える}$$

$$\begin{pmatrix} 1 & 0 & 0 & -2 & 5 \\ 0 & 1 & 0 & 0 & 2 \\ 0 & 0 & 1 & 2 & -2 \end{pmatrix}$$

となり簡約行列を得る．この場合主成分の個数は3なので階数は3である．

(2) この行列は，文字 λ が入っているので，多くの行列を表した表現となっている．従って，λ の値によっていろいろな簡約化がでてくることになる．

$$\begin{pmatrix} 1 & 1 & 1 & 1 & 4 \\ 1 & \lambda & 1 & 1 & 4 \\ 2 & 2 & 2 & \lambda & 8 \end{pmatrix}$$

$$\downarrow \begin{array}{l} \text{第 2 行に第 1 行} \times (-1) \text{ を,} \\ \text{第 3 行に第 1 行} \times (-2) \text{ を加える} \end{array}$$

$$\begin{pmatrix} 1 & 1 & 1 & 1 & 4 \\ 0 & \lambda-1 & 0 & 0 & 0 \\ 0 & 0 & 0 & \lambda-2 & 0 \end{pmatrix}$$

ここで第2行の主成分を1にするために，第2行を $\lambda - 1$ で割りたい．そこで次の2つの場合分けをしなければならない．

〔Case1〕 $\lambda - 1 = 0$ つまり $\lambda = 1$ のとき，

$$\begin{pmatrix} 1 & 1 & 1 & 1 & 4 \\ 0 & \lambda-1 & 0 & 0 & 0 \\ 0 & 0 & 0 & \lambda-2 & 0 \end{pmatrix} = \begin{pmatrix} 1 & 1 & 1 & 1 & 4 \\ 0 & 0 & 0 & 0 & 0 \\ 0 & 0 & 0 & -1 & 0 \end{pmatrix}$$

となり，さらに簡約化を続けて，

$$\downarrow \begin{array}{l} \text{第 3 行を } (-1) \text{ 倍した後,} \\ \text{第 2 行と第 3 行を入れ替える} \end{array}$$

$$\begin{pmatrix} 1 & 1 & 1 & 1 & 4 \\ 0 & 0 & 0 & 1 & 0 \\ 0 & 0 & 0 & 0 & 0 \end{pmatrix}$$

$$\downarrow \text{第 1 行に第 2 行} \times (-1) \text{ を加える}$$

$$\begin{pmatrix} 1 & 1 & 1 & 0 & 4 \\ 0 & 0 & 0 & 1 & 0 \\ 0 & 0 & 0 & 0 & 0 \end{pmatrix}$$

階数 2 の簡約行列を得る．

〔Case 2〕 $\lambda - 1 \neq 0$ のとき，

$$\begin{pmatrix} 1 & 1 & 1 & 1 & 4 \\ 0 & \lambda - 1 & 0 & 0 & 0 \\ 0 & 0 & 0 & \lambda - 2 & 0 \end{pmatrix}$$

$$\downarrow \text{第 2 行を} \tfrac{1}{\lambda-1}\text{倍する}$$

$$\begin{pmatrix} 1 & 1 & 1 & 1 & 4 \\ 0 & 1 & 0 & 0 & 0 \\ 0 & 0 & 0 & \lambda - 2 & 0 \end{pmatrix}$$

$$\downarrow \text{第 1 行に第 2 行} \times (-1) \text{ を加える}$$

$$\begin{pmatrix} 1 & 0 & 1 & 1 & 4 \\ 0 & 1 & 0 & 0 & 0 \\ 0 & 0 & 0 & \lambda - 2 & 0 \end{pmatrix}$$

ここでも第 3 行の主成分を 1 にするために，場合分けがあり，

〔Case 2.1〕 $\lambda - 2 = 0$ つまり $\lambda = 2$ のとき，行列は

$$\begin{pmatrix} 1 & 0 & 1 & 1 & 4 \\ 0 & 1 & 0 & 0 & 0 \\ 0 & 0 & 0 & \lambda - 2 & 0 \end{pmatrix} = \begin{pmatrix} 1 & 0 & 1 & 1 & 4 \\ 0 & 1 & 0 & 0 & 0 \\ 0 & 0 & 0 & 0 & 0 \end{pmatrix}$$

となり，階数 2 の簡約行列を得る．

〔Case 2.2〕 $\lambda - 2 \neq 0$ のとき

$$\begin{pmatrix} 1 & 0 & 1 & 1 & 4 \\ 0 & 1 & 0 & 0 & 0 \\ 0 & 0 & 0 & \lambda - 2 & 0 \end{pmatrix}$$

$$\downarrow \text{第 3 行を} \tfrac{1}{\lambda-2}\text{倍する}$$

$$\begin{pmatrix} 1 & 0 & 1 & 1 & 4 \\ 0 & 1 & 0 & 0 & 0 \\ 0 & 0 & 0 & 1 & 0 \end{pmatrix}$$

↓第1行に第3行 × (−1) を加える

$$\begin{pmatrix} 1 & 0 & 1 & 0 & 4 \\ 0 & 1 & 0 & 0 & 0 \\ 0 & 0 & 0 & 1 & 0 \end{pmatrix}$$

となり階数3の簡約行列を得る. □

3.4 連立1次方程式の解法(2)

一般の連立1次方程式の解法も, 基本変形を用いて解を得やすい形に変形してゆくことにある. この場合その変形の目標が単位行列ではなく, 簡約な行列というのが,『連立1次方程式の解法(1)』と異なるところである. まず次の例題を解いてみよう.

例題 3.4.1 次の連立1次方程式を解け.

$$\begin{cases} x_1 \phantom{{}+x_2} + 2x_3 - x_4 = 3 \\ 2x_1 + x_2 + 3x_3 - x_4 = 5 \\ -x_1 + 3x_2 - 5x_3 + 4x_4 = -6 \end{cases}$$

解答 まず, この方程式の拡大係数行列を簡約化してみよう.

$$\left(\begin{array}{cccc:c} 1 & 0 & 2 & -1 & 3 \\ 2 & 1 & 3 & -1 & 5 \\ -1 & 3 & -5 & 4 & -6 \end{array}\right)$$

↓第2行に第1行 × (−2) を,
第3行に第1行を加える

$$\left(\begin{array}{cccc:c} 1 & 0 & 2 & -1 & 3 \\ 0 & 1 & -1 & 1 & -1 \\ 0 & 3 & -3 & 3 & -3 \end{array}\right)$$

↓第3行に第2行 × (−3) を加える

$$\left(\begin{array}{cccc:c} 1 & 0 & 2 & -1 & 3 \\ 0 & 1 & -1 & 1 & -1 \\ 0 & 0 & 0 & 0 & 0 \end{array}\right)$$

と簡約化される．この拡大係数行列の表す連立 1 次方程式は

$$\begin{cases} x_1 \qquad\quad + 2x_3 - \ x_4 = 3 \\ \qquad\ x_2 - \ x_3 + \ x_4 = -1 \\ 0x_1 + 0x_2 + 0x_3 + 0x_4 = 0 \end{cases}$$

である．この連立 1 次方程式における第 3 式

$$0x_1 + 0x_2 + 0x_3 + 0x_4 = 0$$

は，各未知数 x_1, x_2, x_3, x_4 の値がどんな値でも成立するので，未知数の取り得る値に対する条件となっていない．つまりこの条件式はないのと同じなので，次の連立 1 次方程式の解を求めればよい．

$$\begin{cases} x_1 \qquad + 2x_3 - x_4 = 3 \\ \qquad x_2 - \ x_3 + x_4 = -1 \end{cases}$$

ここで，主成分に対応する未知数以外を右辺に移項すると

$$\begin{cases} x_1 = \quad 3 - 2x_3 + x_4 \\ x_2 = -1 + \ x_3 - x_4 \end{cases}$$

となる．この 2 つの条件を満たす未知数 x_1, x_2, x_3, x_4 の値が解となるが，この形はその値が得やすい形である．なぜなら未知数 x_3, x_4 の値を 2 つの式の代入すれば，未知数 x_1, x_2 が取るべき値がすぐに読み取れる形だからである．例えば，$x_3 = 1$, $x_4 = 0$ として代入すると，$x_1 = 1$, $x_2 = 0$ となり，1 組の解

$$x_1 = 1, \quad x_2 = 0, \quad x_3 = 1, \quad x_4 = 0$$

が得られる．

このように未知数 x_3, x_4 にいろいろな数を代入してゆけば，すべての解を見つけることが出来る．しかし 2 つの未知数 x_3, x_4 に数を代入する組合せは，無限通りある．そこで，右辺の主成分に対応しない未知数 x_3, x_4 に代入するいろいろな数を代表して文字を用い，例えば $x_3 = c_1$, $x_4 = c_2$ として，解を

$$\begin{cases} x_1 = 3 - 2c_1 + c_2 \\ x_2 = -1 + c_1 - c_2 \\ x_3 = c_1 \\ x_4 = c_2 \end{cases} \qquad (\text{ただし } c_1, c_2 \text{は任意の実数})$$

と表すことにする．以後，この解をベクトルの形式を用いて次のように表すことにする．

$$\begin{pmatrix} x_1 \\ x_2 \\ x_3 \\ x_4 \end{pmatrix} = \begin{pmatrix} 3-2c_1+c_2 \\ -1+c_1-c_2 \\ c_1 \\ c_2 \end{pmatrix} = \begin{pmatrix} 3 \\ -1 \\ 0 \\ 0 \end{pmatrix} + c_1 \begin{pmatrix} -2 \\ 1 \\ 1 \\ 0 \end{pmatrix} + c_2 \begin{pmatrix} 1 \\ -1 \\ 0 \\ 1 \end{pmatrix}$$

(ただし c_1, c_2 は任意の実数) □

例題 3.4.2 次の連立1次方程式を解け.(この方程式は前の例題における方程式の定数項が異なるだけである.)

$$\begin{cases} x_1 + 2x_3 - x_4 = 3 \\ 2x_1 + x_2 + 3x_3 - x_4 = 5 \\ -x_1 + 3x_2 - 5x_3 + 4x_4 = -5 \end{cases}$$

解答 まず,この方程式の拡大係数行列を簡約化してみよう.

$$\left(\begin{array}{cccc:c} 1 & 0 & 2 & -1 & 3 \\ 2 & 1 & 3 & -1 & 5 \\ -1 & 3 & -5 & 4 & -5 \end{array}\right) \to \left(\begin{array}{cccc:c} 1 & 0 & 2 & -1 & 3 \\ 0 & 1 & -1 & 1 & -1 \\ 0 & 3 & -3 & 3 & -2 \end{array}\right)$$

$$\to \left(\begin{array}{cccc:c} 1 & 0 & 2 & -1 & 3 \\ 0 & 1 & -1 & 1 & -1 \\ 0 & 0 & 0 & 0 & 1 \end{array}\right) \to \left(\begin{array}{cccc:c} 1 & 0 & 2 & -1 & 0 \\ 0 & 1 & -1 & 1 & 0 \\ 0 & 0 & 0 & 0 & 1 \end{array}\right)$$

と簡約化される.この拡大係数行列の表す連立1次方程式は

$$\begin{cases} x_1 + 2x_3 - x_4 = 0 \\ x_2 - x_3 + x_4 = 0 \\ 0x_1 + 0x_2 + 0x_3 + 0x_4 = 1 \end{cases}$$

である.この連立1次方程式の第3式において,x_1, x_2, x_3, x_4 にどんな値を代入しても,左辺の計算結果は0で右辺の値1にならないから,第3式を満たす x_1, x_2, x_3, x_4 の値は存在しない.従ってこの連立1次方程式の解は存在しない. □

これらの例題から分かるように一般の連立 1 次方程式

$$\begin{cases} a_{11}x_1 + a_{12}x_2 + \cdots + a_{1n}x_n = b_1 \\ a_{21}x_1 + a_{22}x_2 + \cdots + a_{2n}x_n = b_2 \\ \qquad\vdots \\ a_{m1}x_1 + a_{m2}x_2 + \cdots + a_{mn}x_n = b_m \end{cases}$$

の拡大係数行列を

$$\left(\begin{array}{cccc|c} a_{11} & a_{12} & \cdots & a_{1n} & b_1 \\ a_{21} & a_{22} & \cdots & a_{2n} & b_2 \\ \vdots & \vdots & \ddots & \vdots & \vdots \\ a_{m1} & a_{m2} & \cdots & a_{mn} & b_m \end{array}\right)$$

簡約化したとき，定数項に主成分がない場合

$$\left(\begin{array}{cccccccccccccc|c} 1 & * & \cdots & * & 0 & * & \cdots & \cdots & * & 0 & * & \cdots & * & * \\ 0 & 0 & \cdots & 0 & 1 & * & \cdots & \cdots & * & \vdots & \vdots & \ddots & \vdots & \vdots \\ 0 & 0 & 0 & 0 & 0 & & & & * & * & * & \cdots & * & * \\ \vdots & \vdots & \ddots & \vdots & \vdots & & & & & \vdots & \vdots & \ddots & \vdots & \vdots \\ 0 & 0 & \cdots & 0 & 0 & 0 & \cdots & \cdots & 0 & 1 & * & \cdots & * & * \\ 0 & 0 & \cdots & 0 & 0 & 0 & \cdots & \cdots & 0 & 0 & 0 & \cdots & 0 & 0 \\ \vdots & \vdots & \ddots & \vdots & \vdots & \vdots & & & \vdots & \vdots & \vdots & \ddots & \vdots & \vdots \\ 0 & 0 & \cdots & 0 & 0 & 0 & \cdots & \cdots & 0 & 0 & 0 & \cdots & 0 & 0 \end{array}\right)$$

とそうでない場合

$$\left(\begin{array}{ccccccccccccc|c} 1 & * & \cdots & * & 0 & * & \cdots & \cdots & * & 0 & * & \cdots & * & * \\ 0 & 0 & \cdots & 0 & 1 & * & \cdots & \cdots & * & \vdots & \vdots & \ddots & \vdots & \vdots \\ 0 & 0 & 0 & 0 & 0 & & & & * & * & * & \cdots & * & * \\ \vdots & \vdots & \ddots & \vdots & \vdots & & & & & \vdots & \vdots & \ddots & \vdots & \vdots \\ 0 & 0 & \cdots & 0 & 0 & 0 & \cdots & \cdots & 0 & 1 & * & \cdots & * & * \\ 0 & 0 & \cdots & 0 & 0 & 0 & \cdots & \cdots & 0 & 0 & 0 & \cdots & 0 & 1 \\ 0 & 0 & \cdots & 0 & 0 & 0 & \cdots & \cdots & 0 & 0 & 0 & \cdots & 0 & 0 \\ \vdots & \vdots & \ddots & \vdots & \vdots & \vdots & & & \vdots & \vdots & \vdots & \ddots & \vdots & \vdots \\ 0 & 0 & \cdots & 0 & 0 & 0 & \cdots & \cdots & 0 & 0 & 0 & \cdots & 0 & 0 \end{array}\right)$$

という2通りがある．前者の場合は，この方程式の主成分に対応しない未知数にいろいろな値を代入して解が得られ，後者の場合は，解が存在しない．これらを主成分の個数，つまり階数に注目すると，次の定理が得られる．

定理 3.4.3　連立1次方程式の解の個数　連立1次方程式の係数を A，拡大係数行列を $(A \mid \boldsymbol{b})$ とする．

(1)　$\operatorname{rank} A \neq \operatorname{rank}(A \mid \boldsymbol{b})$ のとき，解なし．

(2)　$\operatorname{rank} A = \operatorname{rank}(A \mid \boldsymbol{b}) \neq$ 未知数の個数のとき，解は無限個．

(3)　$\operatorname{rank} A = \operatorname{rank}(A \mid \boldsymbol{b}) =$ 未知数の個数のとき，解はただ1つ．

例題 3.4.4　次の連立1次方程式が解をもつように α の値を決定し，そのときの連立1次方程式を解け．

$$\begin{cases} x_1 + x_2 + x_3 = 5 \\ 2x_1 - 4x_4 = 7 \\ x_1 + x_2 + x_4 = 4 \\ x_1 - 3x_2 - x_3 - 10x_4 = \alpha \end{cases}$$

解答　拡大係数行列を簡約化する．

$$\left(\begin{array}{cccc|c} 1 & 1 & 1 & 0 & 5 \\ 2 & 0 & 0 & -4 & 7 \\ 1 & 1 & 0 & 1 & 4 \\ 1 & -3 & -1 & -10 & \alpha \end{array}\right) \to \left(\begin{array}{cccc|c} 1 & 1 & 1 & 0 & 5 \\ 0 & -2 & -2 & -4 & -3 \\ 0 & 0 & -1 & 1 & -1 \\ 0 & -4 & -2 & -10 & \alpha-5 \end{array}\right)$$

$$\to \left(\begin{array}{cccc|c} 1 & 1 & 1 & 0 & 5 \\ 0 & 1 & 1 & 2 & \frac{3}{2} \\ 0 & 0 & -1 & 1 & -1 \\ 0 & -4 & -2 & -10 & \alpha-5 \end{array}\right) \to \left(\begin{array}{cccc|c} 1 & 0 & 0 & -2 & \frac{7}{2} \\ 0 & 1 & 1 & 2 & \frac{3}{2} \\ 0 & 0 & -1 & 1 & -1 \\ 0 & 0 & 2 & -2 & \alpha+1 \end{array}\right)$$

$$\to \left(\begin{array}{cccc|c} 1 & 0 & 0 & -2 & \frac{7}{2} \\ 0 & 1 & 1 & 2 & \frac{3}{2} \\ 0 & 0 & 1 & -1 & 1 \\ 0 & 0 & 2 & -2 & \alpha+1 \end{array}\right) \to \left(\begin{array}{cccc|c} 1 & 0 & 0 & -2 & \frac{7}{2} \\ 0 & 1 & 0 & 3 & \frac{1}{2} \\ 0 & 0 & 1 & -1 & 1 \\ 0 & 0 & 0 & 0 & \alpha-1 \end{array}\right)$$

となるので，解をもつためには $\alpha = 1$ でなければならない．またこのとき連立1次方程式の解は，

$$\left\{\begin{array}{rrrrl} x_1 & & & -\ 2x_4 & = \frac{7}{2} \\ & x_2 & & +\ 3x_4 & = \frac{1}{2} \\ & & x_3 & -\ \ x_4 & = 1 \\ 0x_1 & +\ 0x_2 & +\ 0x_3 & +\ 0x_4 & = 0 \end{array}\right. \iff \left\{\begin{array}{l} x_1 = \frac{7}{2} + 2x_4 \\ x_2 = \frac{1}{2} - 3x_4 \\ x_3 = 1 + x_4 \end{array}\right.$$

となり，$x_4 = c$ として解

$$\begin{pmatrix} x_1 \\ x_2 \\ x_3 \\ x_4 \end{pmatrix} = \begin{pmatrix} \frac{7}{2} + 2c \\ \frac{1}{2} - 3c \\ 1 + c \\ c \end{pmatrix} = \begin{pmatrix} \frac{7}{2} \\ \frac{1}{2} \\ 1 \\ 0 \end{pmatrix} + c \begin{pmatrix} 2 \\ -3 \\ 1 \\ 1 \end{pmatrix} \quad \text{(ただし } c \text{ は任意の実数)}$$

となる． □

3.5 同次連立 1 次方程式

定義 3.5.1 定数項が全て 0 となっている連立 1 次方程式

$$\left\{\begin{array}{l} a_{11}x_1 + a_{12}x_2 + \cdots + a_{1n}x_n = 0 \\ a_{21}x_1 + a_{22}x_2 + \cdots + a_{2n}x_n = 0 \\ \qquad\qquad\vdots \\ a_{m1}x_1 + a_{m2}x_2 + \cdots + a_{mn}x_n = 0 \end{array}\right.$$

を**同次連立 1 次方程式**という． 

この連立 1 次方程式の拡大係数行列は，係数行列に定数項ベクトルとして，零ベクトルを加えた行列で，拡大係数行列の簡約行列においても定数項部分は零ベクトルのままである．従って，この行列の階数は，係数行列の階数と同じとなる．このことは，解が存在することを意味している．もっとも，この連立 1 次方程式の各未知数に 0 を代入すれば，各式が成立するので，

$$\begin{pmatrix} x_1 \\ x_2 \\ \vdots \\ x_n \end{pmatrix} = \begin{pmatrix} 0 \\ 0 \\ \vdots \\ 0 \end{pmatrix}$$

が解であることがすぐわかる．この解を，すぐ得られる解という意味で**自明な解**と呼ばれる．

例題 3.5.2 次の同次連立1次方程式を解け.

$$\begin{cases} x_1 + x_2 + x_3 = 0 \\ 2x_1 - x_2 + 2x_3 = 0 \\ x_1 + 2x_2 + x_3 = 0 \end{cases}$$

解答

$$\left(\begin{array}{ccc|c} 1 & 1 & 1 & 0 \\ 2 & -1 & 2 & 0 \\ 1 & 2 & 1 & 0 \end{array}\right) \to \left(\begin{array}{ccc|c} 1 & 1 & 1 & 0 \\ 0 & -3 & 0 & 0 \\ 0 & 1 & 0 & 0 \end{array}\right)$$

$$\to \left(\begin{array}{ccc|c} 1 & 1 & 1 & 0 \\ 0 & 1 & 0 & 0 \\ 0 & -3 & 0 & 0 \end{array}\right) \to \left(\begin{array}{ccc|c} 1 & 0 & 1 & 0 \\ 0 & 1 & 0 & 0 \\ 0 & 0 & 0 & 0 \end{array}\right)$$

となり，これは

$$\begin{cases} x_1 \qquad + x_3 = 0 \\ \qquad x_2 \qquad = 0 \\ 0x_1 + 0x_2 + 0x_3 = 0 \end{cases}$$

$$\iff \begin{cases} x_1 = -x_3 \\ x_2 = 0 \end{cases}$$

となる．従って未知数 x_3 を $x_3 = c$ とすると，解は

$$\begin{pmatrix} x_1 \\ x_2 \\ x_3 \end{pmatrix} = \begin{pmatrix} -c \\ 0 \\ c \end{pmatrix} = c\begin{pmatrix} -1 \\ 0 \\ 1 \end{pmatrix} \quad (\text{ただし } c \text{ は任意の実数})$$

と表される． □

同次連立1次方程式は，いつも解が存在するが，自明な解以外に解をもつときを述べておこう．解がただ1つだけ存在するための条件は，

$$\begin{aligned} \operatorname{rank} A &= \operatorname{rank}(A \mid \mathbf{0}) \\ &= \text{未知数の個数} \end{aligned}$$

であった．従って次の命題が示される．

命題 3.5.3　同次連立 1 次方程式

$$\begin{cases} a_{11}x_1 + a_{12}x_2 + \cdots + a_{1n}x_n = 0 \\ a_{21}x_1 + a_{22}x_2 + \cdots + a_{2n}x_n = 0 \\ \qquad \vdots \\ a_{m1}x_1 + a_{m2}x_2 + \cdots + a_{mn}x_n = 0 \end{cases}$$

が，自明でない解をもつための必要十分条件は，

$$\operatorname{rank} A < n = \text{未知数の個数}$$

である．特に $m < n$ のときは，$\operatorname{rank} A \leq m$ よりいつも自明でない解をもつ．

3.6 正則行列・逆行列

この節では，連立 1 次方程式の解法を利用して，行列の逆行列を求める方法について述べる．この節では，n 次の正方行列のみを扱う．まず次の定義をしておこう．

定義 3.6.1　n 次正方行列 A に対し，n 次正方行列 B で

$$(*) \qquad AB = BA = E_n$$

となる行列 B が存在するとき，A は**正則行列**であるという．◆◆◆

このとき $(*)$ を満たす行列が存在するならば，ただ 1 つである．いま $(*)$ を満たす行列が 2 つあると仮定して，それぞれを B, C とすると，

$$C = CE = C(AB) = (CA)B = EB = B$$

となり，B と C は一致する．以上より $(*)$ を満たす行列は，存在するなら 1 つである．この行列を**行列 A の逆行列**といい，A^{-1} と表す．

正則行列に対し，次の定理が成立する（証明は付録 A.7 節で与える）．

定理 3.6.2　n 次正方行列 A に対して次の 4 つの条件は同値である.

(1)　A は正則行列

(2)　$\mathrm{rank}\, A = n$

(3)　$AB = E$ となる n 次正方行列 B が存在する.

(4)　$|A|$[注] $\neq 0$

定理 3.6.2 の (3) における，$AB = E$ を満たす n 次正方行列 B は，A の逆行列である．なぜなら，$AB = E$ は A が正則行列であることを意味するので，逆行列 A^{-1} が存在し，この行列を，$AB = E$ の両辺に左からかけることにより，$B = A^{-1}$ となるからである.

以下で逆行列の求め方を述べよう．いま A の逆行列を

$$B = (\boldsymbol{b}_1 \;\; \boldsymbol{b}_2 \;\; \cdots \;\; \boldsymbol{b}_n)$$

と表すことにし，単位行列の第 1 列，第 2 列，$\cdots$，第 n 列を

$$\boldsymbol{e}_1 = \begin{pmatrix} 1 \\ 0 \\ 0 \\ \vdots \\ 0 \end{pmatrix}, \quad \boldsymbol{e}_2 = \begin{pmatrix} 0 \\ 1 \\ 0 \\ \vdots \\ 0 \end{pmatrix}, \quad \cdots, \quad \boldsymbol{e}_n = \begin{pmatrix} 0 \\ 0 \\ \vdots \\ 0 \\ 1 \end{pmatrix}$$

とすれば,

$$\begin{aligned} AB = A(\boldsymbol{b}_1 \; \boldsymbol{b}_2 \; \cdots \; \boldsymbol{b}_n) &= (A\boldsymbol{b}_1 \; A\boldsymbol{b}_2 \; \cdots \; A\boldsymbol{b}_n) \\ &= (\boldsymbol{e}_1 \; \boldsymbol{e}_2 \; \cdots \; \boldsymbol{e}_n) = E_n \end{aligned}$$

となるので，逆行列 B の各列は n 個の連立 1 次方程式

$$A\boldsymbol{x} = \boldsymbol{e}_1, \quad A\boldsymbol{x} = \boldsymbol{e}_2, \quad \cdots, \quad A\boldsymbol{x} = \boldsymbol{e}_n$$

の解を並べて作られる行列である．従って，これらの連立 1 次方程式を解くために，各連立 1 次方程式の拡大係数行列

$$(A \;\vdots\; \boldsymbol{e}_1), \quad (A \;\vdots\; \boldsymbol{e}_2), \quad \cdots, \quad (A \;\vdots\; \boldsymbol{e}_n)$$

を簡約化すればよい．しかし，この簡約化は行列 A が単位行列になるように行

[注] $|A|$ を，行列 A の行列式と呼ぶが，第 6 章で詳しく述べる.

なうことになるので，n 個の拡大係数行列の簡約化は，全て同じ基本変形で得られる．そこでこれら n 個の簡約化をまとめて行うため，次の行列

$$(A \,\vdots\, \boldsymbol{e}_1\ \boldsymbol{e}_2\ \cdots\ \boldsymbol{e}_n) = (A \,\vdots\, E_n)$$

を作り，その行列を簡約化したとき，

$$(A \,\vdots\, E_n) \to \cdots \to (E_n \,\vdots\, *)$$

と右側に出来る行列 $(*)$ が逆行列となる．

例題 3.6.3 次の行列の逆行列を求めよ．

$$A = \begin{pmatrix} 2 & 3 & 5 \\ 1 & 2 & 2 \\ 0 & 0 & 3 \end{pmatrix}$$

解答

$$\begin{pmatrix} 2 & 3 & 5 & 1 & 0 & 0 \\ 1 & 2 & 2 & 0 & 1 & 0 \\ 0 & 0 & 3 & 0 & 0 & 1 \end{pmatrix} \to \begin{pmatrix} 1 & 2 & 2 & 0 & 1 & 0 \\ 2 & 3 & 5 & 1 & 0 & 0 \\ 0 & 0 & 3 & 0 & 0 & 1 \end{pmatrix}$$

$$\to \begin{pmatrix} 1 & 2 & 2 & 0 & 1 & 0 \\ 0 & -1 & 1 & 1 & -2 & 0 \\ 0 & 0 & 3 & 0 & 0 & 1 \end{pmatrix} \to \begin{pmatrix} 1 & 2 & 2 & 0 & 1 & 0 \\ 0 & 1 & -1 & -1 & 2 & 0 \\ 0 & 0 & 3 & 0 & 0 & 1 \end{pmatrix}$$

$$\to \begin{pmatrix} 1 & 0 & 4 & 2 & -3 & 0 \\ 0 & 1 & -1 & -1 & 2 & 0 \\ 0 & 0 & 3 & 0 & 0 & 1 \end{pmatrix} \to \begin{pmatrix} 1 & 0 & 4 & 2 & -3 & 0 \\ 0 & 1 & -1 & -1 & 2 & 0 \\ 0 & 0 & 1 & 0 & 0 & \frac{1}{3} \end{pmatrix}$$

$$\to \begin{pmatrix} 1 & 0 & 0 & 2 & -3 & -\frac{4}{3} \\ 0 & 1 & 0 & -1 & 2 & \frac{1}{3} \\ 0 & 0 & 1 & 0 & 0 & \frac{1}{3} \end{pmatrix}$$

となるので，A の逆行列 A^{-1} は

$$A^{-1} = \begin{pmatrix} 2 & -3 & -\frac{4}{3} \\ -1 & 2 & \frac{1}{3} \\ 0 & 0 & \frac{1}{3} \end{pmatrix}$$

である． □

練習問題

1 次の連立1次方程式を解け.

(1) $$\begin{cases} 3x_1 + x_2 + x_3 = 4 \\ -2x_1 - x_2 - 2x_3 = -6 \\ 3x_1 + 3x_2 + 4x_3 = 15 \end{cases}$$

(2) $$\begin{cases} x_1 + 2x_2 + 3x_3 + x_4 = -6 \\ 2x_1 + x_3 - 3x_4 = -11 \\ -3x_1 - 5x_2 - 4x_3 - 2x_4 = 20 \\ x_2 + x_3 + x_4 = -1 \end{cases}$$

(3) $$\begin{cases} x_1 + 2x_2 + x_4 = 5 \\ 2x_1 + 3x_2 - 3x_3 = 10 \\ x_1 + x_2 - x_3 - x_4 = 4 \end{cases}$$

(4) $$\begin{cases} x_1 - x_2 - x_4 - 5x_5 = -1 \\ 2x_1 + x_2 - x_3 - 4x_4 + x_5 = -1 \\ x_1 + x_2 + x_3 - 4x_4 - 6x_5 = 3 \\ x_1 + 4x_2 + 2x_3 - x_4 - 5x_5 = 8 \end{cases}$$

2 行列の階数は次のように記述することも出来ることを確かめよ.

(1) 主成分の個数.

(2) 簡約化の主成分を含む列ベクトルの個数.

3 次の行列を簡約化し階数を求めよ.

(1) $$\begin{pmatrix} 3 & 2 & -1 & 5 \\ 1 & -1 & 2 & 2 \\ 0 & 5 & 7 & -1 \end{pmatrix}$$ (2) $$\begin{pmatrix} 1 & 1 & 1 \\ 2 & -1 & 2 \\ 1 & 2 & 1 \\ -1 & 1 & 0 \end{pmatrix}$$

(3) $$\begin{pmatrix} 1 & 1 & 1 & 1 & 2 \\ 1 & \alpha & 1 & 1 & 2 \\ 1 & 1 & \alpha & 2-\alpha & 2 \\ 2 & 2 & 2 & \alpha & 4 \end{pmatrix}$$

4　次の連立 1 次方程式が無限個の解をもつように α, β の値を決め，そのときの解を求めよ．

(1)
$$\begin{cases} x_1 + x_2 + x_3 + x_4 = 4 \\ x_1 + \alpha x_2 + x_3 + x_4 = 4 \\ x_1 + x_2 + \alpha x_3 + (3-\alpha)x_4 = 4 \\ 2x_1 + 2x_2 + 2x_3 + \alpha x_4 = \beta \end{cases}$$

(2)
$$\begin{pmatrix} 0 & 1 & 1 & 1 \\ -1 & 0 & 1 & 3 \\ -2 & -1 & 0 & 3 \\ -3 & -3 & -3 & \alpha \end{pmatrix} \begin{pmatrix} x_1 \\ x_2 \\ x_3 \\ x_4 \end{pmatrix} = \begin{pmatrix} 1 \\ 1 \\ 1 \\ \beta \end{pmatrix}$$

5　次の行列の逆行列を求めよ．

(1)
$$\begin{pmatrix} 0 & 1 & 1 & 1 \\ -1 & 0 & 1 & 1 \\ -1 & -1 & 0 & 1 \\ -1 & -1 & -1 & 0 \end{pmatrix}$$

(2)
$$\begin{pmatrix} 1 & 1 & -2 & 0 \\ -1 & 0 & 1 & -1 \\ 2 & 1 & 0 & 5 \\ 1 & -1 & 1 & 3 \end{pmatrix}$$

6　行列 A, B が正則行列のとき，次の事柄を示せ．

(1)　行列 A^{-1} は正則行列で，その逆行列 $(A^{-1})^{-1}$ は A である．

(2)　行列 AB は正則行列で，その逆行列 $(AB)^{-1}$ は $B^{-1}A^{-1}$ である．

7　次の事柄を示せ．

(1)　正方行列 A に対し，ある自然数 n が存在して $A^n = E$ となるとき，A は正則行列である．

(2)　正方行列 A に対し，ある自然数 n が存在して $A^n = O$ となるとき，A は正則行列でない．

ベクトル空間

4.1 列ベクトル空間 $\mathbb{R}^n$

n 次列ベクトル

$$\begin{pmatrix} x_1 \\ x_2 \\ \vdots \\ x_n \end{pmatrix} \quad (x_1, x_2, \cdots, x_n \in \mathbb{R})$$

から成る集合を記号 $\mathbb{R}^n$ を用いて表し，**ベクトル空間**と呼ぶ．すなわち

$$\mathbb{R}^n = \left\{ \begin{pmatrix} a_1 \\ a_2 \\ \vdots \\ a_n \end{pmatrix} \middle| \ a_1, a_2, \cdots, a_n \in \mathbb{R} \right\}$$

座標平面と座標空間　座標平面上の点は 2 つの数で決まる座標で表されるので，2 次の列ベクトルとみなすことが出来る．従って $\mathbb{R}^2$ は，座標平面の座標（番地）の全体と考えられる．同様にして，我々が住んでいる空間は，$\mathbb{R}^3$ と思うことが出来る．このことから $\mathbb{R}^2, \mathbb{R}^3$ の空間的な広がり，つまりその次元はそれぞれ $2, 3$ であると考えられるが，このことを数学的に定義してゆく．

第 2 章で扱ったように $\mathbb{R}^n$ 上には次の 2 つの演算が定義される．

$\mathbb{R}^n$ のベクトル

$$\boldsymbol{a} = \begin{pmatrix} a_1 \\ a_2 \\ \vdots \\ a_n \end{pmatrix}, \quad \boldsymbol{b} = \begin{pmatrix} b_1 \\ b_2 \\ \vdots \\ b_n \end{pmatrix}$$

に対し，和 $\boldsymbol{a}+\boldsymbol{b}$ は

$$\boldsymbol{a}+\boldsymbol{b} = \begin{pmatrix} a_1+b_1 \\ a_2+b_2 \\ \vdots \\ a_n+b_n \end{pmatrix}$$

で定義され，実数 c に対して，ベクトル $\boldsymbol{a}$ の実数倍は

$$c\boldsymbol{a} = \begin{pmatrix} ca_1 \\ ca_2 \\ \vdots \\ ca_n \end{pmatrix}$$

で定義される．

2.3 節（行列の演算）で確かめたように，$\mathbb{R}^n$ のベクトル $\boldsymbol{u}, \boldsymbol{v}, \boldsymbol{w}$ と実数 a, b に対し，次の (1)〜(8) が成立する．

(1)	$\boldsymbol{u}+\boldsymbol{v}=\boldsymbol{v}+\boldsymbol{u}$	(2)	$(\boldsymbol{u}+\boldsymbol{v})+\boldsymbol{w}=\boldsymbol{u}+(\boldsymbol{v}+\boldsymbol{w})$
(3)	$\boldsymbol{u}+\boldsymbol{0}=\boldsymbol{0}+\boldsymbol{u}=\boldsymbol{u}$	(4)	$a(b\boldsymbol{u})=(ab)\boldsymbol{u}$
(5)	$(a+b)\boldsymbol{u}=a\boldsymbol{u}+b\boldsymbol{u}$	(6)	$a(\boldsymbol{u}+\boldsymbol{v})=a\boldsymbol{u}+a\boldsymbol{v}$
(7)	$1\boldsymbol{u}=\boldsymbol{u}$	(8)	$0\boldsymbol{u}=\boldsymbol{0}$

これら 2 つの演算を用いることにより，いくつかのベクトルから **1 次結合**と呼ばれるベクトルを作ることが出来る．

定義 4.1.1　$\mathbb{R}^n$ のベクトル $\boldsymbol{a}_1, \boldsymbol{a}_2, \cdots, \boldsymbol{a}_k$ に対しベクトル

$$c_1\boldsymbol{a}_1 + c_2\boldsymbol{a}_2 + \cdots + c_k\boldsymbol{a}_k \quad (c_1, c_2, \cdots, c_k \in \mathbb{R})$$

を $\boldsymbol{a}_1, \boldsymbol{a}_2, \cdots, \boldsymbol{a}_k$ の **1 次結合**と呼ぶ．

例 4.1.2

$$\boldsymbol{a} = \begin{pmatrix} 1 \\ 0 \\ 1 \end{pmatrix}, \quad \boldsymbol{b} = \begin{pmatrix} 2 \\ 1 \\ 0 \end{pmatrix}$$

に対し，次の1次結合が作られる．

$$2\boldsymbol{a} + 3\boldsymbol{b} = \begin{pmatrix} 8 \\ 3 \\ 2 \end{pmatrix}, \quad (-1)\boldsymbol{a} + 4\boldsymbol{b} = \begin{pmatrix} 7 \\ 4 \\ -1 \end{pmatrix}$$

◆◆◆

この例において，いろいろな2つの実数を用いれば多くの新しいベクトルが $\boldsymbol{a}$, $\boldsymbol{b}$ より作り出すことが出来る．しかし，この2つのベクトルから $\mathbb{R}^3$ のベクトル全体が作り出せるわけではない．

例 4.1.3

$$\boldsymbol{c} = \begin{pmatrix} 1 \\ 1 \\ 2 \end{pmatrix} \quad \text{は，} \quad \boldsymbol{a} = \begin{pmatrix} 1 \\ 0 \\ 1 \end{pmatrix}, \boldsymbol{b} = \begin{pmatrix} 2 \\ 1 \\ 0 \end{pmatrix}$$

の1次結合では表せない．このことを示そう．もし1次結合で表せるならば2つの実数を用いて

$$c_1\boldsymbol{a} + c_2\boldsymbol{b} = \begin{pmatrix} 1 \\ 1 \\ 2 \end{pmatrix}$$

と表せる．しかし，この式は次の連立1次方程式

$$x_1 \begin{pmatrix} 1 \\ 0 \\ 1 \end{pmatrix} + x_2 \begin{pmatrix} 2 \\ 1 \\ 0 \end{pmatrix} = \begin{pmatrix} 1 \\ 1 \\ 2 \end{pmatrix}$$

が解をもつことを意味するが，この方程式は解をもたない．従って，ベクトル $\boldsymbol{c}$ は，$\boldsymbol{a}$, $\boldsymbol{b}$ の1次結合では表せない．

◆◆◆

この例のようにあるベクトルが他のいくつかのベクトルの1次結合で表せるか否かは，連立1次方程式の解の存在に密接な関係がある．そこで，連立1次方程式の解の性質に着目した次の定義をしておこう．

定義 4.1.4　$\mathbb{R}^n$ の k 個のベクトル $\boldsymbol{v}_1, \boldsymbol{v}_2, \cdots, \boldsymbol{v}_k$ に対して，同次連立 1 次方程式

$$x_1\boldsymbol{v}_1 + x_2\boldsymbol{v}_2 + \cdots + x_k\boldsymbol{v}_k = \boldsymbol{0}$$

の解が，

(1)　自明な解のみのとき，$\boldsymbol{v}_1, \boldsymbol{v}_2, \cdots, \boldsymbol{v}_k$ は **1 次独立**であるという．

(2)　自明でない解をもつとき，$\boldsymbol{v}_1, \boldsymbol{v}_2, \cdots, \boldsymbol{v}_k$ は **1 次従属**であるという．

命題 4.1.5　$\boldsymbol{v}_1, \boldsymbol{v}_2, \cdots, \boldsymbol{v}_k$ が 1 次独立であるとき，どのベクトルも他の $(k-1)$ 個のベクトルの 1 次結合として表せない．

証明　例えば $\boldsymbol{v}_1$ が他の $(k-1)$ 個のベクトル $\boldsymbol{v}_2, \cdots, \boldsymbol{v}_k$ の 1 次結合として

$$\boldsymbol{v}_1 = c_2\boldsymbol{v}_2 + \cdots + c_k\boldsymbol{v}_k$$

と表せるものとする．この等式は

$$\boldsymbol{v}_1 - c_2\boldsymbol{v}_2 - \cdots - c_k\boldsymbol{v}_k = \boldsymbol{0}$$

となり，これは連立 1 次方程式

$$x_1\boldsymbol{v}_1 + x_2\boldsymbol{v}_2 + \cdots + x_k\boldsymbol{v}_k = \boldsymbol{0}$$

が自明でない解

$$x_1 = 1, \quad x_2 = -c_2, \quad \cdots, \quad x_k = -c_k$$

をもつことになる．これは $\boldsymbol{v}_1, \boldsymbol{v}_2, \cdots, \boldsymbol{v}_k$ の 1 次独立性に反する．　□

この命題とは逆に，$\boldsymbol{v}_1, \boldsymbol{v}_2, \cdots, \boldsymbol{v}_k$ が 1 次従属のときは，1 次結合による表現と関連がある．

命題 4.1.6　$\boldsymbol{v}_1, \boldsymbol{v}_2, \cdots, \boldsymbol{v}_k$ が 1 次従属のとき，k 個のベクトルの内，少なくとも 1 つのベクトルは，他の $(k-1)$ 個のベクトルの 1 次結合として表せる．

証明　$\boldsymbol{v}_1, \boldsymbol{v}_2, \cdots, \boldsymbol{v}_k$ が 1 次従属なので，同次連立 1 次方程式

$$x_1\boldsymbol{v}_1 + x_2\boldsymbol{v}_2 + \cdots + x_k\boldsymbol{v}_k = \boldsymbol{0}$$

は，自明でない解

$$x_1 = c_1, \quad x_2 = c_2, \quad \cdots, \quad x_k = c_k$$

$(c_1, c_2, \cdots, c_k$ のうち少なくとも 1 つは 0 でない$)$

をもつ．ここで簡単のために，$c_1 \neq 0$ とする．このとき，

$$\begin{aligned} & c_1\boldsymbol{v}_1 + c_2\boldsymbol{v}_2 + \cdots + c_k\boldsymbol{v}_k = \boldsymbol{0} \\ \iff & c_1\boldsymbol{v}_1 = -c_2\boldsymbol{v}_2 - \cdots - c_k\boldsymbol{v}_k \\ \iff & \boldsymbol{v}_1 = -\frac{c_2}{c_1}\boldsymbol{v}_2 - \cdots - \frac{c_k}{c_1}\boldsymbol{v}_k \end{aligned}$$

となり，$\boldsymbol{v}_1$ は他の $(k-1)$ 個のベクトルの 1 次結合で表される． □

この命題では，どのベクトルが 1 次結合により表されるのかは決められないが，ある条件の下では，次の定理が成立する．

定理 4.1.7 k 個のベクトル $\boldsymbol{v}_1, \boldsymbol{v}_2, \cdots, \boldsymbol{v}_k$ が 1 次独立でベクトル $\boldsymbol{v}$ を加えた $(k+1)$ 個のベクトルが 1 次従属のとき，$\boldsymbol{v}$ は他の k 個のベクトル $\boldsymbol{v}_1, \boldsymbol{v}_2, \cdots, \boldsymbol{v}_k$ の 1 次結合で表せる．

証明　$(k+1)$ 個のベクトル $\boldsymbol{v}, \boldsymbol{v}_1, \boldsymbol{v}_2, \cdots, \boldsymbol{v}_k$ が 1 次従属なので，少なくとも 1 つは 0 でない $(k+1)$ 個の実数 $c_0, c_1, \cdots, c_k$ が存在して

$$(*) \quad c_0\boldsymbol{v} + c_1\boldsymbol{v}_1 + \cdots + c_k\boldsymbol{v}_k = \boldsymbol{0}$$

となる．

$$c_0 = 0$$

とすると，$(*)$ に代入して

$$c_1\boldsymbol{v}_1 + \cdots + c_k\boldsymbol{v}_k = \boldsymbol{0}$$

となる．$\boldsymbol{v}_1, \boldsymbol{v}_2, \cdots, \boldsymbol{v}_k$ が 1 次独立なので，この式より

$$c_1 = \cdots = c_k = 0$$

となり，これは $c_0, c_1, \cdots, c_k$ のうち少なくとも 1 つは 0 でないことに反する．

よって $c_0 \neq 0$ なので，命題 4.1.6 と同様にして $\boldsymbol{v}$ は，$\boldsymbol{v}_1, \boldsymbol{v}_2, \cdots, \boldsymbol{v}_k$ の 1 次結合で表せる． □

例題 4.1.8　次のベクトルは，1 次独立か 1 次従属かを調べ，1 次従属のときは 1 つのベクトルを他のベクトルの 1 次結合で表せ．

(1) $\begin{pmatrix} 1 \\ 0 \\ 1 \end{pmatrix}, \begin{pmatrix} 0 \\ 1 \\ 0 \end{pmatrix}, \begin{pmatrix} 1 \\ 0 \\ 0 \end{pmatrix}$

(2) $\begin{pmatrix} 2 \\ 3 \\ 1 \end{pmatrix}, \begin{pmatrix} 3 \\ 0 \\ 2 \end{pmatrix}, \begin{pmatrix} 1 \\ -1 \\ 0 \end{pmatrix}, \begin{pmatrix} 2 \\ 2 \\ -2 \end{pmatrix}$

解答　(1)　同次連立 1 次方程式

$$x_1 \begin{pmatrix} 1 \\ 0 \\ 1 \end{pmatrix} + x_2 \begin{pmatrix} 0 \\ 1 \\ 0 \end{pmatrix} + x_3 \begin{pmatrix} 1 \\ 0 \\ 0 \end{pmatrix} = \begin{pmatrix} 0 \\ 0 \\ 0 \end{pmatrix}$$

を解く．拡大係数行列を簡約化して

$$\left(\begin{array}{ccc:c} 1 & 0 & 1 & 0 \\ 0 & 1 & 0 & 0 \\ 1 & 0 & 0 & 0 \end{array}\right) \to \left(\begin{array}{ccc:c} 1 & 0 & 0 & 0 \\ 0 & 1 & 0 & 0 \\ 0 & 0 & 1 & 0 \end{array}\right)$$

となるので，解は自明な解のみ．従って 1 次独立．

(2)　同次連立 1 次方程式

$$(*) \quad x_1 \begin{pmatrix} 2 \\ 3 \\ 1 \end{pmatrix} + x_2 \begin{pmatrix} 3 \\ 0 \\ 2 \end{pmatrix} + x_3 \begin{pmatrix} 1 \\ -1 \\ 0 \end{pmatrix} + x_4 \begin{pmatrix} 2 \\ 2 \\ -2 \end{pmatrix} = \begin{pmatrix} 0 \\ 0 \\ 0 \end{pmatrix}$$

を解く．この方程式において未知数の個数は 4，式の個数は 3 なので，自明でない解をもつ．従って 1 次従属であることはすぐにわかるが，あるベクトルを他のベクトルで表すためには，実際に方程式を解く必要がある．そこで拡大係数行列を簡約化して

$$\left(\begin{array}{cccc:c} 2 & 3 & 1 & 2 & 0 \\ 3 & 0 & -1 & 2 & 0 \\ 1 & 2 & 0 & -2 & 0 \end{array}\right) \to \left(\begin{array}{cccc:c} 1 & 0 & 0 & 2 & 0 \\ 0 & 1 & 0 & -2 & 0 \\ 0 & 0 & 1 & 4 & 0 \end{array}\right)$$

これより解を求めればよいが，もう少し違った観点からこの簡約化を見てみよう．この拡大係数行列は，同次連立 1 次方程式

$$(*)' \quad x_1 \begin{pmatrix} 1 \\ 0 \\ 0 \end{pmatrix} + x_2 \begin{pmatrix} 0 \\ 1 \\ 0 \end{pmatrix} + x_3 \begin{pmatrix} 0 \\ 0 \\ 1 \end{pmatrix} + x_4 \begin{pmatrix} 2 \\ -2 \\ 4 \end{pmatrix} = \begin{pmatrix} 0 \\ 0 \\ 0 \end{pmatrix}$$

を表す（ここで連立1次方程式 $(*)'$ の解は連立1次方程式 $(*)$ の解と同じであることに注意する）．これは4つのベクトル

$$\begin{pmatrix} 1 \\ 0 \\ 0 \end{pmatrix}, \quad \begin{pmatrix} 0 \\ 1 \\ 0 \end{pmatrix}, \quad \begin{pmatrix} 0 \\ 0 \\ 1 \end{pmatrix}, \quad \begin{pmatrix} 2 \\ -2 \\ 4 \end{pmatrix}$$

の1次独立性を確かめる連立1次方程式であるが，この4つのベクトルよりベクトル間のいくつかの関係を得ることは容易である．1つ目は

$$2\begin{pmatrix} 1 \\ 0 \\ 0 \end{pmatrix} + (-2)\begin{pmatrix} 0 \\ 1 \\ 0 \end{pmatrix} + 4\begin{pmatrix} 0 \\ 0 \\ 1 \end{pmatrix} = \begin{pmatrix} 2 \\ -2 \\ 4 \end{pmatrix}$$

となることで，このことは

$$2\begin{pmatrix} 1 \\ 0 \\ 0 \end{pmatrix} + (-2)\begin{pmatrix} 0 \\ 1 \\ 0 \end{pmatrix} + 4\begin{pmatrix} 0 \\ 0 \\ 1 \end{pmatrix} + (-1)\begin{pmatrix} 2 \\ -2 \\ 4 \end{pmatrix} = \begin{pmatrix} 0 \\ 0 \\ 0 \end{pmatrix}$$

ということで，これは元の連立1次方程式 $(*)$ の解を与えているので，はじめの4つのベクトルについても

$$2\begin{pmatrix} 2 \\ 3 \\ 1 \end{pmatrix} + (-2)\begin{pmatrix} 3 \\ 0 \\ 2 \end{pmatrix} + 4\begin{pmatrix} 1 \\ -1 \\ 0 \end{pmatrix} = \begin{pmatrix} 2 \\ 2 \\ -2 \end{pmatrix}$$

という関係が成立することになる．

2つ目は，3つのベクトル

$$\begin{pmatrix} 1 \\ 0 \\ 0 \end{pmatrix}, \quad \begin{pmatrix} 0 \\ 1 \\ 0 \end{pmatrix}, \quad \begin{pmatrix} 0 \\ 0 \\ 1 \end{pmatrix}$$

が1次独立となることである．この場合も同様の議論より3つのベクトル

$$\begin{pmatrix} 2 \\ 3 \\ 1 \end{pmatrix}, \quad \begin{pmatrix} 3 \\ 0 \\ 2 \end{pmatrix}, \quad \begin{pmatrix} 1 \\ -1 \\ 0 \end{pmatrix}$$

が1次独立となることがわかる．　□

注意　上の例題 4.1.8 からわかるように，行列 $A = (\boldsymbol{a}_1 \ \ \boldsymbol{a}_2 \ \ \cdots \ \ \boldsymbol{a}_n)$ を基本変形して行列 $B = (\boldsymbol{b}_1 \ \ \boldsymbol{b}_2 \ \ \cdots \ \ \boldsymbol{b}_n)$ が得られたとき，任意の実数 $c_1, c_2, \cdots, c_n$ に対して次が成立する．

$$c_1\boldsymbol{a}_1 + c_2\boldsymbol{a}_2 + \cdots + c_n\boldsymbol{a}_n = \boldsymbol{0} \iff c_1\boldsymbol{b}_1 + c_2\boldsymbol{b}_2 + \cdots + c_n\boldsymbol{b}_n = \boldsymbol{0}$$

いくつかのベクトルの1次独立性と簡約行列における主成分の個数つまり行列の階数には，次の関係がある．

命題 4.1.9 $\mathbb{R}^n$ の k 個のベクトル $\boldsymbol{v}_1, \boldsymbol{v}_2, \cdots, \boldsymbol{v}_k$ に対して，$n \times k$ 行列 A を次のように定義する．

$$A = (\boldsymbol{v}_1 \ \ \boldsymbol{v}_2 \ \ \cdots \ \ \boldsymbol{v}_k)$$

このとき，

(1) $\mathrm{rank}\, A = k$ ならば，k 個のベクトル $\boldsymbol{v}_1, \boldsymbol{v}_2, \cdots, \boldsymbol{v}_k$ は1次独立である．

(2) $\mathrm{rank}\, A = l < k$ ならば，ベクトル $\boldsymbol{v}_1, \boldsymbol{v}_2, \cdots, \boldsymbol{v}_k$ 中に，l 個の1次独立なベクトルがあり，他の $(k-l)$ 個のベクトルはその1次独立なベクトルの1次結合で表せる．

証明 (1) は明らかなので，(2) を示す．

行列 A の簡約行列を B とする．このとき B の中のベクトルに対して，l 個の1次独立なベクトルがあり，他の $(k-l)$ 個のベクトルはその1次独立なベクトルの1次結合で表せることを示せばよい．

$$\mathrm{rank}\, A = l$$

なので，B の第1行から第 l 行までの主成分は，1であり，第 $(l+1)$ 行以降は零ベクトルである．また各主成分を含んでいる l 個の列ベクトルは，

$$\begin{pmatrix} 1 \\ 0 \\ 0 \\ \vdots \\ \vdots \\ 0 \end{pmatrix}, \quad \begin{pmatrix} 0 \\ 1 \\ 0 \\ \vdots \\ \vdots \\ 0 \end{pmatrix}, \quad \cdots, \quad \begin{pmatrix} 0 \\ \vdots \\ 1 \\ 0 \\ \vdots \\ 0 \end{pmatrix}$$

であり，これらのベクトルは1次独立である．

これら以外のベクトルにおける第 $(l+1)$ 行以降の成分は0であり，第1行から第 l 行までの成分は，上記のベクトルの実数倍なので，他の $(k-l)$ 個のベクトルは，上記の1次独立なベクトルの1次結合で表される． □

例題 4.1.10 $\mathbb{R}^n$ のベクトル $\boldsymbol{u}_1, \boldsymbol{u}_2, \cdots, \boldsymbol{u}_k$ を1次独立とする．$\boldsymbol{v}_1, \boldsymbol{v}_2, \cdots, \boldsymbol{v}_n$ が次のように，$\boldsymbol{u}_1, \boldsymbol{u}_2, \cdots, \boldsymbol{u}_k$ の1次結合で表されているとき，$\boldsymbol{v}_1, \boldsymbol{v}_2, \cdots, \boldsymbol{v}_n$ が1次独立か1次従属かを調べよ．

(1) $\boldsymbol{v}_1 = 2\boldsymbol{u}_1 - \boldsymbol{u}_2 + 3\boldsymbol{u}_3$

$\boldsymbol{v}_2 = 2\boldsymbol{u}_1 + \boldsymbol{u}_2 - \boldsymbol{u}_3$

$\boldsymbol{v}_3 = -\boldsymbol{u}_1 + \boldsymbol{u}_3$

(2) $\boldsymbol{v}_1 = \boldsymbol{u}_1 + \boldsymbol{u}_2 + \boldsymbol{u}_3$

$\boldsymbol{v}_2 = 6\boldsymbol{u}_1 + \boldsymbol{u}_2 + 2\boldsymbol{u}_3$

$\boldsymbol{v}_3 = -\boldsymbol{u}_2 + \boldsymbol{u}_3$

$\boldsymbol{v}_4 = 3\boldsymbol{u}_1 + 2\boldsymbol{u}_2 + 5\boldsymbol{u}_3$

解答 (1) 同次連立1次方程式

$$x_1\boldsymbol{v}_1 + x_2\boldsymbol{v}_2 + x_3\boldsymbol{v}_3 = \boldsymbol{0}$$

をベクトル $\boldsymbol{u}_1, \boldsymbol{u}_2, \boldsymbol{u}_3$ で表すと，

$$x_1(2\boldsymbol{u}_1 - \boldsymbol{u}_2 + 3\boldsymbol{u}_3) + x_2(2\boldsymbol{u}_1 + \boldsymbol{u}_2 - \boldsymbol{u}_3) + x_3(-\boldsymbol{u}_1 + \boldsymbol{u}_3) = \boldsymbol{0}$$

$$\iff (2x_1 + 2x_2 - x_3)\boldsymbol{u}_1 + (-x_1 + x_3)\boldsymbol{u}_2 + (3x_1 - x_2 + x_3)\boldsymbol{u}_3 = \boldsymbol{0}$$

となり，$\boldsymbol{u}_1, \boldsymbol{u}_2, \boldsymbol{u}_3$ は1次独立なので，この方程式を満たす未知数は，同次連立1次方程式

$$\begin{cases} 2x_1 + 2x_2 - x_3 = 0 \\ -x_1 \qquad\quad + x_3 = 0 \\ 3x_1 - x_2 + x_3 = 0 \end{cases}$$

の解である．これは自明な解のみなので1次独立である．

(2) (1) と同様に考えて，同次連立1次方程式

$$\begin{cases} x_1 + 6x_2 \qquad\quad + 3x_4 = 0 \\ x_1 + x_2 - x_3 + 2x_4 = 0 \\ x_1 + 2x_2 + x_3 + 5x_4 = 0 \end{cases}$$

を得る．しかしこの方程式において，未知数の個数は4，式の個数は3なので

未知数の個数 $>$ 式の個数

であるから自明でない解をもつ．よって1次従属である． □

例題 4.1.10 の (2) の1次従属性は連立1次方程式における未知数と式の個数との大小関係に由来する．一般的に次のことが示される．

定理 4.1.11　n 個のベクトル $\boldsymbol{v}_1, \boldsymbol{v}_2, \cdots, \boldsymbol{v}_n$ の各ベクトルが m 個のベクトル $\boldsymbol{u}_1, \boldsymbol{u}_2, \cdots, \boldsymbol{u}_m$ の1次結合で表されているとき，

$$n > m \quad \text{ならば} \quad \boldsymbol{v}_1, \boldsymbol{v}_2, \cdots, \boldsymbol{v}_n \text{は1次従属である．}$$

証明　例題と同じ方法で，同次連立1次方程式をつくる．その中の，未知数の個数はベクトル $\boldsymbol{v}_1, \boldsymbol{v}_2, \cdots, \boldsymbol{v}_n$ の個数 n であり，式の個数はベクトル $\boldsymbol{u}_1, \boldsymbol{u}_2, \cdots, \boldsymbol{u}_m$ の個数 m であるので，未知数の個数と式の個数を比較すればよい．□

$\mathbb{R}^n$ の次元　ここでいくつかのベクトルの1次結合全体で $\mathbb{R}^n$ を，表すことを考えよう．このとき，いくつのベクトルが必要となるであろうか？少なくとも n 個のベクトルを用いれば表すことは出来る．例えば，$\mathbb{R}^n$ の n 個のベクトルを

$$\boldsymbol{\epsilon}_1 = \begin{pmatrix} 1 \\ 0 \\ 0 \\ \vdots \\ 0 \end{pmatrix}, \quad \boldsymbol{e}_2 = \begin{pmatrix} 0 \\ 1 \\ 0 \\ \vdots \\ 0 \end{pmatrix}, \quad \cdots, \quad \boldsymbol{e}_n = \begin{pmatrix} 0 \\ 0 \\ \vdots \\ 0 \\ 1 \end{pmatrix}$$

とする（これらを $\mathbb{R}^n$ の**基本ベクトル**という）．このとき $\mathbb{R}^n$ の任意のベクトル

$$\boldsymbol{x} = \begin{pmatrix} x_1 \\ x_2 \\ x_3 \\ \vdots \\ x_n \end{pmatrix}$$

は，n 個のベクトル $\boldsymbol{e}_1, \boldsymbol{e}_2, \cdots, \boldsymbol{e}_n$ を用いて

$$\boldsymbol{x} = \begin{pmatrix} x_1 \\ x_2 \\ x_3 \\ \vdots \\ x_n \end{pmatrix} = x_1\boldsymbol{e}_1 + x_2\boldsymbol{e}_2 + \cdots + x_n\boldsymbol{e}_n$$

と表されるので，$\boldsymbol{e}_1, \boldsymbol{e}_2, \cdots, \boldsymbol{e}_n$ の1次結合全体として $\mathbb{R}^n$ が表される．

注意 $\boldsymbol{e}_1, \boldsymbol{e}_2, \cdots, \boldsymbol{e}_n$ が1次独立であることは，明らかである．そしてこのことは，とても重要な意味をもつ．

さて問題は n 個より少ないベクトルで $\mathbb{R}^n$ が表されるかということだが，これは不可能である．なぜなら n 個より少ない k 個のベクトルの組

$$\boldsymbol{u}_1, \boldsymbol{u}_2, \cdots, \boldsymbol{u}_k$$

で $\mathbb{R}^n$ が表されると仮定すると，n 個のベクトル

$$\boldsymbol{e}_1, \boldsymbol{e}_2, \cdots, \boldsymbol{e}_n$$

のそれぞれが，n 個より少ない k 個のベクトルの1次結合で表されることになり，定理 4.1.11 より

$$\boldsymbol{e}_1, \boldsymbol{e}_2, \cdots, \boldsymbol{e}_n \text{が1次従属}$$

となってしまうからである．従って

$\mathbb{R}^n$ を1次結合の集まりとして表すには n 個のベクトルが必要である

この n を $\mathbb{R}^n$ の空間的広がり，つまり次元を表すものと定義することは極めて自然であろう．この定義より $\mathbb{R}^2$ の次元は 2，$\mathbb{R}^3$ の次元は 3 となる．

4.2 部 分 空 間

次に $\mathbb{R}^n$ の部分集合についても次元を定義しよう．この場合もその部分集合を1次結合全体で表すためには，最低いくつのベクトルが必要かということで次元を定義したい．そのためには，その部分集合が2つの演算，和・実数倍に関して“閉じている”ことが必要となるので，次の定義をしておく．

定義 4.2.1 $\mathbb{R}^n$ の部分集合 $\mathbb{W}$ が，$\mathbb{R}^n$ の**部分空間**であるとは

(i) $\boldsymbol{0} \in \mathbb{W}$

(ii) $\boldsymbol{a}, \boldsymbol{b} \in \mathbb{W}$ であるとき，$\boldsymbol{a} + \boldsymbol{b} \in \mathbb{W}$ となる．

(iii) $c \in \mathbb{R}, \boldsymbol{a} \in \mathbb{W}$ であるとき，$c\boldsymbol{a} \in \mathbb{W}$ となる．

を満たすときをいう． ◆◆◆

もちろん $\mathbb{R}^n$ も1つの部分空間である．

例題 4.2.2 次の $\mathbb{V}$ は $\mathbb{R}^3$ の部分空間となるかどうかを調べよ．

(1) $$\mathbb{V} = \left\{ \boldsymbol{x} = \begin{pmatrix} x_1 \\ x_2 \\ x_3 \end{pmatrix} \in \mathbb{R}^3 \;\middle|\; \begin{matrix} x_1 - x_2 + 2x_3 = 0 \\ 2x_1 + 3x_2 - x_3 = 0 \end{matrix} \right\}$$

(2) $$\mathbb{V} = \left\{ \boldsymbol{x} = \begin{pmatrix} x_1 \\ x_2 \\ x_3 \end{pmatrix} \in \mathbb{R}^3 \;\middle|\; \begin{matrix} x_1 - x_2 + 2x_3 = 1 \\ 2x_1 + 3x_2 - x_3 = 2 \end{matrix} \right\}$$

注意 上の例題において $\mathbb{V}$ は $\mathbb{R}^3$ の元で条件の連立 1 次方程式を満たすもの全体の集合である．例えば (1) において

$$\begin{pmatrix} x_1 \\ x_2 \\ x_3 \end{pmatrix} = \begin{pmatrix} 1 \\ -1 \\ -1 \end{pmatrix}$$

は，連立 1 次方程式を満たすので $\mathbb{V}$ に属する．また

$$\begin{pmatrix} x_1 \\ x_2 \\ x_3 \end{pmatrix} = \begin{pmatrix} 1 \\ 0 \\ -1 \end{pmatrix}$$

は，連立 1 次方程式を満たさないので $\mathbb{V}$ に属さない．

解答 (1) $\mathbb{V}$ は $\mathbb{R}^3$ の部分空間である．以下 $\mathbb{V}$ が定義 4.2.1 の条件 (i), (ii), (iii) を満たすことを確かめる．

$$1 \times 0 - 1 \times 0 - 2 \times 0 = 0,$$

$$2 \times 0 + 3 \times 0 - 1 \times 0 = 0$$

従って $\mathbf{0} \in \mathbb{V}$．ゆえに部分空間の条件 (i) を満たす．

$$\boldsymbol{a} = \begin{pmatrix} a_1 \\ a_2 \\ a_3 \end{pmatrix}, \boldsymbol{b} = \begin{pmatrix} b_1 \\ b_2 \\ b_3 \end{pmatrix} \in \mathbb{V}, \qquad c \in \mathbb{R}$$

とする．

$$\boldsymbol{a} + \boldsymbol{b} = \begin{pmatrix} a_1 + b_1 \\ a_2 + b_2 \\ a_3 + b_3 \end{pmatrix}, \qquad c\boldsymbol{a} = \begin{pmatrix} cb_1 \\ cb_2 \\ cb_3 \end{pmatrix}$$

が条件の連立1次方程式を満たすことを確かめる．

$$(a_1+b_1)-(a_2+b_2)+2(a_3+b_3)=(a_1-a_2+2a_3)+(b_1-b_2+2b_3)=0$$
$$2(a_1+b_1)+3(a_2+b_2)-(a_3+b_3)=(2a_1+3a_2-a_3)+(2b_1+3b_2-b_3)=0$$

従って $\boldsymbol{a}+\boldsymbol{b}\in\mathbb{V}$．よって条件 (ii) を満たす．

$$(ca_1)-(ca_2)+2(ca_3)=c(a_1-a_2+2a_3)=0$$
$$2(ca_1)+3(ca_2)-(ca_3)=c(2a_1+3a_2-a_3)=0$$

従って $c\boldsymbol{a}\in\mathbb{V}$．条件 (iii) を満たす．

(2)
$$\begin{pmatrix} x_1 \\ x_2 \\ x_3 \end{pmatrix}=\begin{pmatrix} 0 \\ 0 \\ 0 \end{pmatrix}$$

は条件の連立1次方程式の解ではないので，$\mathbb{V}$ は零ベクトル $\mathbf{0}$ を含まない．従って，$\mathbb{V}$ は部分空間ではない．□

注意 例題 4.2.2 の (1) の連立1次方程式を解いて，その解を表すと

$$\begin{pmatrix} x_1 \\ x_2 \\ x_3 \end{pmatrix}=c\begin{pmatrix} -1 \\ 1 \\ 1 \end{pmatrix}\quad (\text{ただし } c \text{ は任意の実数})$$

となる．従ってこの部分空間 $\mathbb{V}$ は，1つのベクトル $\begin{pmatrix} -1 \\ 1 \\ 1 \end{pmatrix}$ の1次結合全体の集合である．

一般に次が成立する．

命題 4.2.3 $m\times n$ 行列 A に対し，$\mathbb{R}^n$ の部分集合 $\mathbb{V}=\{\boldsymbol{x}\in\mathbb{R}^n|A\boldsymbol{x}=\mathbf{0}\}$ は，$\mathbb{R}^n$ の部分空間になることを示せ（$\mathbb{V}$ を連立1次方程式 $A\boldsymbol{x}=\mathbf{0}$ の解空間と呼ぶ）．

問 4.2.4 命題 4.2.3 を証明せよ．

いま部分空間 $\mathbb{V}$ の次元を定義する前に次の定義を与えておこう．

定義 4.2.5 部分空間 $\mathbb{V}$ の k 個のベクトル $\boldsymbol{v}_1,\boldsymbol{v}_2,\cdots,\boldsymbol{v}_k$ の1次結合全体の集合が $\mathbb{V}$ となるとき，$\boldsymbol{v}_1,\boldsymbol{v}_2,\cdots,\boldsymbol{v}_k$ は $\mathbb{V}$ を**生成する**という．◆◆◆

さてここで $\mathbb{R}^n$ の場合と同様に，部分空間 $\mathbb{V}$ の次元を定義しよう．

定義 4.2.6 部分空間 $\mathbb{V}$ を生成するのに必要なベクトルの最小個数を，部分空間 $\mathbb{V}$ の**次元**といい，$\dim \mathbb{V}$ と表す． ◆◆◆

この次元を求めるためにはどのようなベクトルを選べばよいのかということを述べておこう．

定理 4.2.7 部分空間 $\mathbb{V}$ に対して，次の 2 つの条件は同値である．

(1) $\dim \mathbb{V} = k$

(2) 次の条件を満たす k 個のベクトルの組 $\{\boldsymbol{v}_1, \boldsymbol{v}_2, \cdots, \boldsymbol{v}_k\}$ が存在する．

(a) $\boldsymbol{v}_1, \boldsymbol{v}_2, \cdots, \boldsymbol{v}_k$ は $\mathbb{V}$ を生成する．

(b) $\boldsymbol{v}_1, \boldsymbol{v}_2, \cdots, \boldsymbol{v}_k$ は 1 次独立．

証明 いま $\dim \mathbb{V} = k$ とする．このとき次元の定義より，$\mathbb{V}$ を生成する k 個のベクトル $\boldsymbol{v}_1, \boldsymbol{v}_2, \cdots, \boldsymbol{v}_k$ がある．これらのベクトルが 1 次独立であることを示せばよい．

そこで $\boldsymbol{v}_1, \boldsymbol{v}_2, \cdots, \boldsymbol{v}_k$ が 1 次従属であるとする．定理 4.1.7 より，少なくとも 1 つのベクトルは，他の $(k-1)$ 個のベクトルの 1 次結合として表せる．例えば，

$$\boldsymbol{v}_1 = a_2\boldsymbol{v}_2 + \cdots + a_k\boldsymbol{v}_k$$

と表せるとしよう．このとき $\boldsymbol{v}_1, \boldsymbol{v}_2, \cdots, \boldsymbol{v}_k$ の 1 次結合

$$c_1\boldsymbol{v}_1 + c_2\boldsymbol{v}_2 + \cdots + c_k\boldsymbol{v}_k$$

に，上の式を代入することにより

$$\begin{aligned} &= c_1(a_2\boldsymbol{v}_2 + \cdots + a_k\boldsymbol{v}_k) + c_2\boldsymbol{v}_2 + \cdots + c_k\boldsymbol{v}_k \\ &= (c_1a_2 + c_2)\boldsymbol{v}_2 + \cdots + (c_1a_k + c_k)\boldsymbol{v}_k \end{aligned}$$

と表され，$\boldsymbol{v}_1, \boldsymbol{v}_2, \cdots, \boldsymbol{v}_k$ の 1 次結合は，1 つ少ない $(k-1)$ 個のベクトル $\boldsymbol{v}_2, \cdots, \boldsymbol{v}_k$ の 1 次結合となり，これは，$\mathbb{V}$ が $(k-1)$ 個のベクトル $\boldsymbol{v}_2, \cdots, \boldsymbol{v}_k$ で生成されることを意味するので，k が最小であることに反するからである．

次に 1 次独立のベクトル $\boldsymbol{v}_1, \boldsymbol{v}_2, \cdots, \boldsymbol{v}_k$ が，$\mathbb{V}$ を生成しているとする．いま $k > \dim \mathbb{V} = k'$ とすると，k 個より少ない k' 個のベクトル $\boldsymbol{u}_1, \boldsymbol{u}_2, \cdots, \boldsymbol{u}_{k'}$ で $\mathbb{V}$ が生成される．このとき k 個のベクトル $\boldsymbol{v}_1, \boldsymbol{v}_2, \cdots, \boldsymbol{v}_k$ の各ベクトルが，k 個より少ない k' 個のベクトルの 1 次結合で表されることになり，定理 4.1.11 より $\boldsymbol{v}_1, \boldsymbol{v}_2, \cdots, \boldsymbol{v}_k$ が 1 次従属となって矛盾である． □

定義 4.2.8 定理 4.2.7 において，条件 (a), (b) を満たすベクトルの組 $\{\boldsymbol{v}_1, \boldsymbol{v}_2, \cdots, \boldsymbol{v}_k\}$ を部分空間 $\mathbb{V}$ の**基底**という． ◆◆◆

例 4.2.9 ベクトル空間 $\mathbb{R}^n$ の基底として

$$\left\{ \boldsymbol{e}_1 = \begin{pmatrix} 1 \\ 0 \\ \vdots \\ 0 \\ 0 \end{pmatrix}, \boldsymbol{e}_2 = \begin{pmatrix} 0 \\ 1 \\ 0 \\ \vdots \\ 0 \end{pmatrix}, \cdots, \boldsymbol{e}_n = \begin{pmatrix} 0 \\ 0 \\ \vdots \\ 0 \\ 1 \end{pmatrix} \right\}$$

が考えられる．この基底を $\mathbb{R}^n$ の**標準基底**という． ◆◆◆

部分空間 $\mathbb{V}$ の基底を求める方法として，次の命題が役に立つ．

命題 4.2.10 部分空間 $\mathbb{V}$ の次元が k 次元であるとき，部分空間 $\mathbb{V}$ における k 個の 1 次独立なベクトルの組 $\{\boldsymbol{v}_1, \boldsymbol{v}_2, \cdots, \boldsymbol{v}_k\}$ は，基底となる．

証明 部分空間 $\mathbb{V}$ の次元が k なので，$\mathbb{V}$ は k 個のベクトルで生成される．従って定理 4.1.11 より $(k+1)$ 個のベクトルは 1 次従属である．いま $\boldsymbol{v}$ を任意の $\mathbb{V}$ のベクトルとする．このとき $\boldsymbol{v}, \boldsymbol{v}_1, \boldsymbol{v}_2, \cdots, \boldsymbol{v}_k$ は 1 次従属であり，仮定より $\boldsymbol{v}_1, \boldsymbol{v}_2, \cdots, \boldsymbol{v}_k$ は 1 次独立なので，定理 4.1.7 より $\boldsymbol{v}$ は，$\boldsymbol{v}_1, \boldsymbol{v}_2, \cdots, \boldsymbol{v}_k$ で表される．ゆえに $\boldsymbol{v}_1, \boldsymbol{v}_2, \cdots, \boldsymbol{v}_k$ は，$\mathbb{V}$ を生成する．その 1 次独立性と合わせて，$\{\boldsymbol{v}_1, \boldsymbol{v}_2, \cdots, \boldsymbol{v}_k\}$ は基底である． □

例題 4.2.11 次の部分空間の 1 組の基底と次元を求めよ．

(1)
$$\mathbb{V} = \left\{ \begin{pmatrix} x_1 \\ x_2 \\ x_3 \\ x_4 \end{pmatrix} \middle| \begin{array}{r} 2x_1 + 3x_2 + x_3 - x_4 = 0 \\ x_1 + x_2 - 2x_3 + 4x_4 = 0 \\ 3x_1 + x_2 - 16x_3 + 9x_4 = 0 \end{array} \right\}$$

(2) $\mathbb{V}$ は次のベクトルで生成される部分空間とする．

$$\begin{pmatrix} 1 \\ 2 \\ 3 \end{pmatrix}, \begin{pmatrix} 2 \\ -1 \\ 2 \end{pmatrix}, \begin{pmatrix} -8 \\ -1 \\ -1 \end{pmatrix}, \begin{pmatrix} 3 \\ -4 \\ 1 \end{pmatrix}$$

解答 (1) $\mathbb{V}$ の基底を求めればよい．そこで $\mathbb{V}$ を定義している連立 1 次方程式を解くと，その解は

$$\begin{pmatrix} x_1 \\ x_2 \\ x_3 \\ x_4 \end{pmatrix} = c \begin{pmatrix} 7 \\ -5 \\ 1 \\ 0 \end{pmatrix} \quad (c \in \mathbb{R})$$

となり，$\mathbb{V}$ は 1 つのベクトル

$$\boldsymbol{v} = \begin{pmatrix} 7 \\ -5 \\ 1 \\ 0 \end{pmatrix}$$

で生成される．このベクトルは零ベクトルではないので，1 次独立．従って $\{\boldsymbol{v}\}$ は，$\mathbb{V}$ の基底であり $\dim \mathbb{V} = 1$ となる．

(2) 4 つのベクトルより作られる行列

$$\begin{pmatrix} 1 & 2 & -8 & 3 \\ 2 & -1 & -1 & -4 \\ 3 & 2 & -1 & 1 \end{pmatrix}$$

を簡約化すると

$$\begin{pmatrix} 1 & 0 & 0 & -1 \\ 0 & 1 & 0 & 2 \\ 0 & 0 & 1 & 0 \end{pmatrix}$$

となり，この行列の中の 4 つの列ベクトルの関係より

$$\begin{pmatrix} 1 \\ 2 \\ 3 \end{pmatrix}, \quad \begin{pmatrix} 2 \\ -1 \\ 2 \end{pmatrix}, \quad \begin{pmatrix} -8 \\ -1 \\ -1 \end{pmatrix}$$

は，1 次独立で

$$\begin{pmatrix} 3 \\ -4 \\ 1 \end{pmatrix} = (-1) \begin{pmatrix} 1 \\ 2 \\ 3 \end{pmatrix} + 2 \begin{pmatrix} 2 \\ -1 \\ 2 \end{pmatrix}$$

と表せることがわかる．従って $\mathbb{V}$ は，3 つの 1 次独立なベクトル

$$\left\{ \begin{pmatrix} 1 \\ 2 \\ 3 \end{pmatrix}, \begin{pmatrix} 2 \\ -1 \\ 2 \end{pmatrix}, \begin{pmatrix} -8 \\ -1 \\ -1 \end{pmatrix} \right\}$$

で生成されることになる．つまり，これら 3 つのベクトルの組は $\mathbb{V}$ の基底で，$\dim \mathbb{V} = 3$ である． □

例題 4.2.11 の (1) の一般化として，次の命題が成立する．

命題 4.2.12 $m \times n$ 行列 A に対し，$\mathbb{V}$ を同次連立 1 次方程式 $A\boldsymbol{x} = \boldsymbol{0}$ の解空間とする．すなわち $\mathbb{V} = \{\boldsymbol{x} \in \mathbb{R}^n | A\boldsymbol{x} = \boldsymbol{0}\}$ のとき，

$$\dim \mathbb{V} = n - \operatorname{rank} A$$

である．

証明　連立 1 次方程式 $A\boldsymbol{x} = \boldsymbol{0}$ において，

$$\text{未知数の個数} = n,$$
$$\operatorname{rank} A = k$$

とする．この連立 1 次方程式の拡大係数行列を簡約化したとき，簡単のため主成分に対応する未知数を x_1, x_2, $\cdots$, x_k，対応しない未知数を x_{k+1}, x_{k+2}, $\cdots$, x_n とする．このとき解は，

$$\begin{pmatrix} x_1 \\ \vdots \\ x_k \\ x_{k+1} \\ \vdots \\ . \\ x_n \end{pmatrix} = c_1 \begin{pmatrix} * \\ \vdots \\ * \\ 1 \\ 0 \\ \vdots \\ 0 \end{pmatrix} + c_2 \begin{pmatrix} * \\ \vdots \\ * \\ 0 \\ 1 \\ \vdots \\ 0 \end{pmatrix} + \cdots + c_{n-k} \begin{pmatrix} * \\ \vdots \\ * \\ 0 \\ 0 \\ \vdots \\ 1 \end{pmatrix}$$

$$(\text{ただし，} c_1, c_2, \cdots, c_{n-k} \in \mathbb{R})$$

と表せる．従って，解空間は $(n-k)$ 個のベクトル

$$\begin{pmatrix} * \\ \vdots \\ * \\ 1 \\ 0 \\ \vdots \\ 0 \end{pmatrix}, \quad \begin{pmatrix} * \\ \vdots \\ * \\ 0 \\ 1 \\ \vdots \\ 0 \end{pmatrix}, \quad \cdots, \quad \begin{pmatrix} * \\ \vdots \\ * \\ 0 \\ \vdots \\ 0 \\ 1 \end{pmatrix}$$

で生成される．またこれら $(n-k)$ 個のベクトルで作られる行列が，

$$\begin{pmatrix} * & * & \cdots & * \\ \vdots & \vdots & \ddots & \vdots \\ * & * & \cdots & * \\ 1 & 0 & \cdots & 0 \\ 0 & 1 & \cdots & 0 \\ \vdots & \vdots & \ddots & \vdots \\ 0 & 0 & \cdots & 1 \end{pmatrix} \to \begin{pmatrix} 1 & 0 & \cdots & 0 \\ 0 & 1 & \cdots & 0 \\ \vdots & \vdots & \ddots & \vdots \\ 0 & 0 & \cdots & 1 \\ \vdots & \vdots & \ddots & \vdots \\ 0 & 0 & \cdots & 0 \\ 0 & 0 & \cdots & 0 \end{pmatrix}$$

と簡約化されるので，$(n-k)$ 個のベクトルは 1 次独立である．以上より，

$$\left\{ \begin{pmatrix} * \\ \vdots \\ * \\ 1 \\ 0 \\ \vdots \\ 0 \end{pmatrix}, \begin{pmatrix} * \\ \vdots \\ * \\ 0 \\ 1 \\ \vdots \\ 0 \end{pmatrix}, \cdots, \begin{pmatrix} * \\ \vdots \\ * \\ 0 \\ \vdots \\ 0 \\ 1 \end{pmatrix} \right\}$$

は，解空間の基底となる．ゆえに

$$\dim \mathbb{V} = n - \operatorname{rank} A$$

となる． □

命題 4.2.13 $\mathbb{R}^m$ のベクトル $\boldsymbol{v}_1, \boldsymbol{v}_2, \cdots, \boldsymbol{v}_k$ で生成される部分空間を $\mathbb{V}$ とする．このとき

$$\dim \mathbb{V} = \operatorname{rank}(\boldsymbol{v}_1 \ \boldsymbol{v}_2 \ \cdots \ \boldsymbol{v}_k).$$

問 4.2.14 上の命題を証明せよ．

4.3 基底と座標

部分空間の $\mathbb{V}$ の次元を k とし，$\{\boldsymbol{v}_1, \boldsymbol{v}_2, \cdots, \boldsymbol{v}_k\}$ を $\mathbb{V}$ の基底とする．このとき，任意のベクトル $\boldsymbol{v} \in \mathbb{V}$ はこの基底の1次結合で

$$\boldsymbol{v} = a_1\boldsymbol{v}_1 + a_2\boldsymbol{v}_2 + \cdots + a_k\boldsymbol{v}_k$$

と表すことが出来る．この1次結合を $\boldsymbol{v}$ の**基底** $\{\boldsymbol{v}_1, \boldsymbol{v}_2, \cdots, \boldsymbol{v}_k\}$ **に関する表現**という．

命題 4.3.1 上記の表現 $\boldsymbol{v} = a_1\boldsymbol{v}_1 + a_2\boldsymbol{v}_2 + \cdots + a_k\boldsymbol{v}_k$ は，ただ1通りに決まる．

証明 ベクトル $\boldsymbol{v}$ に対して，別の表現

$$\boldsymbol{v} = b_1\boldsymbol{v}_1 + b_2\boldsymbol{v}_2 + \cdots + b_k\boldsymbol{v}_k$$

があったとすると，

$$a_1\boldsymbol{v}_1 + a_2\boldsymbol{v}_2 + \cdots + a_k\boldsymbol{v}_k = b_1\boldsymbol{v}_1 + b_2\boldsymbol{v}_2 + \cdots + b_k\boldsymbol{v}_k$$

なので

$$(a_1 - b_1)\boldsymbol{v}_1 + (a_2 - b_2)\boldsymbol{v}_2 + \cdots + (a_k - b_k)\boldsymbol{v}_k = \boldsymbol{0}$$

となる．$\boldsymbol{v}_1, \boldsymbol{v}_2, \cdots, \boldsymbol{v}_k$ の1次独立性より

$$(a_1 - b_1) = (a_2 - b_2) = \cdots = (a_k - b_k) = 0 \quad \Longleftrightarrow \quad a_i = b_i \ (i = 1, 2, \cdots, k)$$

である．従って表現は1通りである． □

ベクトル $\boldsymbol{v}$ を基底 $\{\boldsymbol{v}_1, \boldsymbol{v}_2, \cdots, \boldsymbol{v}_k\}$ で

$$\boldsymbol{v} = a_1\boldsymbol{v}_1 + a_2\boldsymbol{v}_2 + \cdots + a_k\boldsymbol{v}_k$$

と表したとき各係数 $a_1, a_2, \cdots, a_k$ より作られる k 次列ベクトル

$$\begin{pmatrix} a_1 \\ a_2 \\ \vdots \\ a_k \end{pmatrix} \in \mathbb{R}^k$$

を，基底 $\{\boldsymbol{v}_1, \boldsymbol{v}_2, \cdots, \boldsymbol{v}_k\}$ に関するベクトル $\boldsymbol{v}$ の**座標**という．

このように，部分空間 $\mathbb{V}$ に基底を1つ定めることにより，$\mathbb{V}$ のベクトルと $\mathbb{R}^k$ のベクトルが1対1に対応する．さらに，次の命題が成立する．

命題 4.3.2 部分空間 $\mathbb{V}$ の 1 つの基底を，$\{\boldsymbol{v}_1, \boldsymbol{v}_2, \cdots, \boldsymbol{v}_k\}$ とする．n 個のベクトル $\boldsymbol{u}_1, \boldsymbol{u}_2, \cdots, \boldsymbol{u}_n$ の基底 $\{\boldsymbol{v}_1, \boldsymbol{v}_2, \cdots, \boldsymbol{v}_k\}$ に関する座標をそれぞれ $\boldsymbol{a}_1, \boldsymbol{a}_2, \cdots, \boldsymbol{a}_n \in \mathbb{R}^k$ とする．このとき $\boldsymbol{u}_1, \boldsymbol{u}_2, \cdots, \boldsymbol{u}_n$ の 1 次独立性は，$\boldsymbol{a}_1, \boldsymbol{a}_2, \cdots, \boldsymbol{a}_n \in \mathbb{R}^k$ の 1 次独立性と等しい．

証明 $\boldsymbol{u}_1, \boldsymbol{u}_2, \cdots, \boldsymbol{u}_n$ の座標をそれぞれ

$$\boldsymbol{a}_1 = \begin{pmatrix} a_{11} \\ a_{21} \\ \vdots \\ a_{k1} \end{pmatrix}, \quad \boldsymbol{a}_2 = \begin{pmatrix} a_{12} \\ a_{22} \\ \vdots \\ a_{k2} \end{pmatrix}, \quad \cdots, \quad \boldsymbol{a}_n = \begin{pmatrix} a_{1n} \\ a_{2n} \\ \vdots \\ a_{kn} \end{pmatrix}$$

とする．このとき方程式

$$x_1\boldsymbol{u}_1 + x_2\boldsymbol{u}_2 + \cdots + x_n\boldsymbol{u}_n = \boldsymbol{0}$$

に，ベクトル $\boldsymbol{u}_i$ を基底で表したものを代入すると

$$\begin{aligned} & x_1(a_{11}\boldsymbol{v}_1 + \cdots + a_{k1}\boldsymbol{v}_k) + \cdots + x_n(a_{1n}\boldsymbol{v}_1 + \cdots + a_{kn}\boldsymbol{v}_k) \\ &= (a_{11}x_1 + a_{12}x_2 + \cdots + a_{1n}x_n)\boldsymbol{v}_1 + \cdots \\ &\quad + (a_{k1}x_1 + a_{k2}x_2 + \cdots + a_{kn}x_n)\boldsymbol{v}_k \\ &= \boldsymbol{0} \end{aligned}$$

となり，基底は 1 次独立なのでこの式は

$$\begin{cases} a_{11}x_1 + a_{12}x_2 + \cdots + a_{1n}x_n = 0 \\ a_{21}x_1 + a_{22}x_2 + \cdots + a_{2n}x_n = 0 \\ \qquad\qquad\vdots \\ a_{k1}x_1 + a_{k2}x_2 + \cdots + a_{kn}x_n = 0 \end{cases}$$

となる．これは座標の 1 次独立性を表す連立 1 次方程式

$$x_1 \begin{pmatrix} a_{11} \\ a_{21} \\ \vdots \\ a_{k1} \end{pmatrix} + \cdots + x_n \begin{pmatrix} a_{1n} \\ a_{2n} \\ \vdots \\ a_{kn} \end{pmatrix} = \boldsymbol{0}$$

である． □

例題 4.3.3 次のベクトルで生成される部分空間 $\mathbb{V}$ の基底を1組挙げよ．

$$\begin{pmatrix} 1 \\ 1 \\ 1 \\ 1 \end{pmatrix}, \begin{pmatrix} 2 \\ 2 \\ 0 \\ 1 \end{pmatrix}, \begin{pmatrix} 3 \\ 0 \\ 1 \\ 1 \end{pmatrix}, \begin{pmatrix} 3 \\ 3 \\ 1 \\ 2 \end{pmatrix}$$

解答 4つのベクトルから作る行列

$$\begin{pmatrix} 1 & 2 & 3 & 3 \\ 1 & 2 & 0 & 3 \\ 1 & 0 & 1 & 1 \\ 1 & 1 & 1 & 2 \end{pmatrix}$$

を簡約化して，

$$\begin{pmatrix} 1 & 0 & 0 & 1 \\ 0 & 1 & 0 & 1 \\ 0 & 0 & 1 & 0 \\ 0 & 0 & 0 & 0 \end{pmatrix}$$

となるので，この部分空間の次元は3で，1組の基底は

$$\left\{ \begin{pmatrix} 1 \\ 1 \\ 1 \\ 1 \end{pmatrix}, \begin{pmatrix} 2 \\ 2 \\ 0 \\ 1 \end{pmatrix}, \begin{pmatrix} 3 \\ 0 \\ 1 \\ 1 \end{pmatrix} \right\}$$

である． □

注意 この基底を用いて他の基底を求めることが出来る．この部分空間の次元は3であるので3つの1次独立なベクトルの組を見つければよい．そこでまず，この部分空間の座標の全体 $\mathbb{R}^3$ における3つの1次独立なベクトルを探すことにする．次のベクトルは1次独立であることは，各自確かめてもらいたい．

$$\begin{pmatrix} 1 \\ 1 \\ 0 \end{pmatrix}, \begin{pmatrix} 1 \\ 0 \\ 1 \end{pmatrix}, \begin{pmatrix} 0 \\ 1 \\ 1 \end{pmatrix}$$

次に，先ほど求めた基底に関してこの座標をもつ 3 つのベクトルを求めると，

$$1\begin{pmatrix}1\\1\\1\\1\end{pmatrix}+1\begin{pmatrix}2\\2\\0\\1\end{pmatrix}+0\begin{pmatrix}3\\0\\1\\1\end{pmatrix}=\begin{pmatrix}3\\3\\1\\2\end{pmatrix}$$

$$1\begin{pmatrix}1\\1\\1\\1\end{pmatrix}+0\begin{pmatrix}2\\2\\0\\1\end{pmatrix}+1\begin{pmatrix}3\\0\\1\\1\end{pmatrix}=\begin{pmatrix}4\\1\\2\\2\end{pmatrix}$$

$$0\begin{pmatrix}1\\1\\1\\1\end{pmatrix}+1\begin{pmatrix}2\\2\\0\\1\end{pmatrix}+1\begin{pmatrix}3\\0\\1\\1\end{pmatrix}=\begin{pmatrix}5\\2\\1\\2\end{pmatrix}$$

を得る．これらは部分空間 $\mathbb{V}$ のベクトルで，命題 4.3.2 より，1 次独立である．$\dim\mathbb{V}=3$ なので，これらのベクトルの組

$$\left\{\begin{pmatrix}3\\3\\1\\2\end{pmatrix},\begin{pmatrix}4\\1\\2\\2\end{pmatrix},\begin{pmatrix}5\\2\\1\\2\end{pmatrix}\right\}$$

は，もう 1 つの基底となる．

4.4 基底の変換

前節の例題 4.3.3 で示したように，部分空間 $\mathbb{V}$ における基底は 1 通りだけではない．いま 2 組の基底 $\{\boldsymbol{v}_1,\boldsymbol{v}_2,\cdots,\boldsymbol{v}_k\},\{\boldsymbol{v}'_1,\boldsymbol{v}'_2,\cdots,\boldsymbol{v}'_k\}$ が与えられているとしよう．このとき $\mathbb{V}$ のベクトル $\boldsymbol{v}$ のそれぞれの基底に関する座標を

$$\begin{pmatrix}a_1\\a_2\\\vdots\\a_k\end{pmatrix},\qquad\begin{pmatrix}a'_1\\a'_2\\\vdots\\a'_k\end{pmatrix}$$

とする．この場合，これら 2 つの座標は異なっているが，2 つの座標はどんな

関係になるだろうか？ このことを示そう．

2つの座標は，同じベクトルを表すので

$$\begin{aligned}\boldsymbol{v} &= a_1\boldsymbol{v}_1 + a_2\boldsymbol{v}_2 + \cdots + a_k\boldsymbol{v}_k \\ &= a'_1\boldsymbol{v}'_1 + a'_2\boldsymbol{v}'_2 + \cdots + a'_k\boldsymbol{v}'_k\end{aligned}$$

である．これらの座標の関係は，基底の関係から起こるので，まず基底同士の関係が与えられなくては話が進まない．

そこで，基底 $\{\boldsymbol{v}'_1, \boldsymbol{v}'_2, \cdots, \boldsymbol{v}'_k\}$ の各ベクトルが，基底 $\{\boldsymbol{v}_1, \boldsymbol{v}_2, \cdots, \boldsymbol{v}_k\}$ で次のように表されているとしよう．

$$\begin{aligned}\boldsymbol{v}'_1 &= p_{11}\boldsymbol{v}_1 + p_{21}\boldsymbol{v}_2 + \cdots + p_{k1}\boldsymbol{v}_k \\ \boldsymbol{v}'_2 &= p_{12}\boldsymbol{v}_1 + p_{22}\boldsymbol{v}_2 + \cdots + p_{k2}\boldsymbol{v}_k \\ &\vdots \\ \boldsymbol{v}'_k &= p_{1k}\boldsymbol{v}_1 + p_{2k}\boldsymbol{v}_2 + \cdots + p_{kk}\boldsymbol{v}_k\end{aligned}$$

この関係式は，ベクトル $\boldsymbol{v}'_1, \boldsymbol{v}'_2, \cdots, \boldsymbol{v}'_k$ の基底 $\{\boldsymbol{v}_1, \boldsymbol{v}_2, \cdots, \boldsymbol{v}_k\}$ に関する座標が，

$$\begin{pmatrix} p_{11} \\ p_{21} \\ \vdots \\ p_{k1} \end{pmatrix}, \quad \begin{pmatrix} p_{12} \\ p_{22} \\ \vdots \\ p_{k2} \end{pmatrix}, \quad \cdots, \quad \begin{pmatrix} p_{1k} \\ p_{2k} \\ \vdots \\ p_{kk} \end{pmatrix}$$

ということを表す．

注意 命題 4.3.2 より，この k 個のベクトルは，$\mathbb{R}^k$ において1次独立である．従って命題 4.2.10 と命題 4.2.13 より k 個のベクトルから作られる行列

$$P = \begin{pmatrix} p_{11} & p_{12} & \cdots & p_{1k} \\ p_{21} & p_{22} & \cdots & p_{2k} \\ \vdots & \vdots & \ddots & \vdots \\ p_{k1} & p_{k2} & \cdots & p_{kk} \end{pmatrix}$$

は，$\operatorname{rank} P = k$ なので正則行列であり，逆行列をもつ．

さて，この関係を前ページの式に代入すると

$$\begin{aligned}\boldsymbol{v} &= a_1\boldsymbol{v}_1 + a_2\boldsymbol{v}_2 + \cdots + a_k\boldsymbol{v}_k \\ &= (a'_1p_{11} + a'_2p_{12} + \cdots + a'_kp_{1k})\boldsymbol{v}_1 \\ &\quad + (a'_1p_{21} + a'_2p_{22} + \cdots + a'_kp_{2k})\boldsymbol{v}_2 \\ &\qquad \vdots \\ &\quad + (a'_1p_{k1} + a'_2p_{k2} + \cdots + a'_kp_{kk})\boldsymbol{v}_1\end{aligned}$$

となる．この式より

$$\begin{aligned}a_1 &= a'_1p_{11} + a'_2p_{12} + \cdots + a'_kp_{1k} \\ a_2 &= a'_1p_{21} + a'_2p_{22} + \cdots + a'_kp_{2k} \\ &\vdots \\ a_k &= a'_1p_{k1} + a'_2p_{k2} + \cdots + a'_kp_{kk}\end{aligned}$$

となり，これをベクトルの形で表すと

$$\begin{pmatrix} a_1 \\ a_2 \\ \vdots \\ a_k \end{pmatrix} = \begin{pmatrix} p_{11} & p_{12} & \cdots & p_{1k} \\ p_{21} & p_{22} & \cdots & p_{2k} \\ \vdots & \vdots & \ddots & \vdots \\ p_{k1} & p_{k2} & \cdots & p_{kk} \end{pmatrix} \begin{pmatrix} a'_1 \\ a'_2 \\ \vdots \\ a'_k \end{pmatrix}$$

となる．これが座標同士の関係式である．このとき次の行列

$$P = \begin{pmatrix} p_{11} & p_{12} & \cdots & p_{1k} \\ p_{21} & p_{22} & \cdots & p_{2k} \\ \vdots & \vdots & \ddots & \vdots \\ p_{k1} & p_{k2} & \cdots & p_{kk} \end{pmatrix}$$

を，基底$\{\boldsymbol{v}_1, \boldsymbol{v}_2, \cdots, \boldsymbol{v}_k\}$から基底$\{\boldsymbol{v}'_1, \boldsymbol{v}'_2, \cdots, \boldsymbol{v}'_k\}$への**基底変換の行列**という．

もちろんこの行列 P の逆行列 P^{-1} は，基底 $\{\boldsymbol{v}'_1, \boldsymbol{v}'_2, \cdots, \boldsymbol{v}'_k\}$ から基底 $\{\boldsymbol{v}_1, \boldsymbol{v}_2, \cdots, \boldsymbol{v}_k\}$ への基底変換の行列である．また上の式の両辺に P の逆行列 P^{-1} をかけると，

$$\begin{pmatrix} a'_1 \\ a'_2 \\ \vdots \\ a'_k \end{pmatrix} = P^{-1} \begin{pmatrix} a_1 \\ a_2 \\ \vdots \\ a_k \end{pmatrix}$$

を得る．これらの関係が，2つの基底に関する座標の関係である．

例題 4.4.1 部分空間 $\mathbb{V}$ が，$\mathbb{R}^3$ の場合を考える．$\mathbb{R}^3$ の標準基底

$$\left\{ \boldsymbol{e}_1 = \begin{pmatrix} 1 \\ 0 \\ 0 \end{pmatrix}, \boldsymbol{e}_2 = \begin{pmatrix} 0 \\ 1 \\ 0 \end{pmatrix}, \boldsymbol{e}_3 = \begin{pmatrix} 0 \\ 0 \\ 1 \end{pmatrix} \right\}$$

に関する座標が次で与えられている．

$$\begin{pmatrix} 1 \\ 2 \\ 3 \end{pmatrix} \quad \cdots ①, \qquad \begin{pmatrix} x_1 \\ x_2 \\ x_3 \end{pmatrix} \quad \cdots ②$$

この2つのベクトルに対し，次の $\mathbb{R}^3$ の基底に関する座標を求めよ．

$$\left\{ \boldsymbol{f}_1 = \begin{pmatrix} 1 \\ 1 \\ 0 \end{pmatrix}, \boldsymbol{f}_2 = \begin{pmatrix} 0 \\ 1 \\ 1 \end{pmatrix}, \boldsymbol{f}_3 = \begin{pmatrix} 1 \\ 0 \\ 1 \end{pmatrix} \right\}$$

解答 基底 $\{\boldsymbol{e}_1, \boldsymbol{e}_2, \boldsymbol{e}_3\}$ から基底 $\{\boldsymbol{f}_1, \boldsymbol{f}_2, \boldsymbol{f}_3\}$ への基底変換の行列 P は，

$$\begin{pmatrix} 1 & 0 & 1 \\ 1 & 1 & 0 \\ 0 & 1 & 1 \end{pmatrix}$$

である．ここで P^{-1} は

$$\frac{1}{2} \begin{pmatrix} 1 & 1 & -1 \\ -1 & 1 & 1 \\ 1 & -1 & 1 \end{pmatrix}$$

である．

①のベクトルの基底 $\{\boldsymbol{f}_1, \boldsymbol{f}_2, \boldsymbol{f}_3\}$ に関する座標を，

$$\begin{pmatrix} x_1' \\ x_2' \\ x_3' \end{pmatrix}$$

とすると，

$$\begin{pmatrix} x_1' \\ x_2' \\ x_3' \end{pmatrix} = P^{-1}\begin{pmatrix} 1 \\ 2 \\ 3 \end{pmatrix} = \begin{pmatrix} 0 \\ 2 \\ 1 \end{pmatrix}$$

である．

②については，

$$\begin{pmatrix} x_1' \\ x_2' \\ x_3' \end{pmatrix} = P^{-1}\begin{pmatrix} x_1 \\ x_2 \\ x_3 \end{pmatrix} = \frac{1}{2}\begin{pmatrix} x_1 + x_2 - x_3 \\ -x_1 + x_2 + x_3 \\ x_1 - x_2 + x_3 \end{pmatrix}$$

である． □

問 4.4.2 例題 4.3.3 における部分空間において，基底

$$\left\{\begin{pmatrix} 1 \\ 1 \\ 1 \\ 1 \end{pmatrix}, \begin{pmatrix} 2 \\ 2 \\ 0 \\ 1 \end{pmatrix}, \begin{pmatrix} 3 \\ 0 \\ 1 \\ 1 \end{pmatrix}\right\}$$

から基底

$$\left\{\begin{pmatrix} 3 \\ 3 \\ 1 \\ 2 \end{pmatrix}, \begin{pmatrix} 4 \\ 1 \\ 2 \\ 2 \end{pmatrix}, \begin{pmatrix} 5 \\ 2 \\ 1 \\ 2 \end{pmatrix}\right\}$$

への変換の行列を求めよ．

4.5 補足・発展 ——内積と直交化——

ベクトル空間には，ベクトルの長さや2つのベクトルのなす角度を測る**内積**と呼ばれる仕組みを導入することができる．内積を利用することで1次独立なベクトルの組から互いに直交するベクトルの組を求めることが可能になる．まずは，2つのベクトルから定まる内積という値を導入しよう．

定義 4.5.1 n 次元ベクトル

$$\boldsymbol{a} = \begin{pmatrix} a_1 \\ \vdots \\ a_n \end{pmatrix}, \quad \boldsymbol{b} = \begin{pmatrix} b_1 \\ \vdots \\ b_n \end{pmatrix}$$

に対して，ベクトル $\boldsymbol{a}$ と $\boldsymbol{b}$ の内積 $\langle \boldsymbol{a}, \boldsymbol{b} \rangle$ を

$$\langle \boldsymbol{a}, \boldsymbol{b} \rangle = a_1 b_1 + \cdots + a_n b_n \qquad \cdots ①$$

と定める． 

内積の定め方①から以下の内積の性質が成り立つ．

定理 4.5.2 任意の n 次元ベクトル $\boldsymbol{a}, \boldsymbol{a}', \boldsymbol{b}$ および $c \in \mathbb{R}$ に対して，

(1) $\langle \boldsymbol{a} + \boldsymbol{a}', \boldsymbol{b} \rangle = \langle \boldsymbol{a}, \boldsymbol{b} \rangle + \langle \boldsymbol{a}', \boldsymbol{b} \rangle$

(2) $\langle c\boldsymbol{a}, \boldsymbol{b} \rangle = c\langle \boldsymbol{a}, \boldsymbol{b} \rangle$

(3) $\langle \boldsymbol{a}, \boldsymbol{b} \rangle = \langle \boldsymbol{b}, \boldsymbol{a} \rangle$

(4) $\langle \boldsymbol{a}, \boldsymbol{a} \rangle \geq 0$

が成り立つ．

定理 4.5.2 (4) より自分自身との内積の平方根によって，ベクトルのノルム（大きさを測る値）も定めることができる．

定義 4.5.3 n 次元ベクトル $\boldsymbol{a}$ のノルム $\|\boldsymbol{a}\|$ を

$$\|\boldsymbol{a}\| = \sqrt{\langle \boldsymbol{a}, \boldsymbol{a} \rangle}$$

と定める． 

ベクトルのノルムは平面上の2次元ベクトルを図示する矢印の長さが満たすような以下の性質をもつ．

定理 4.5.4 任意の n 次元ベクトル $\boldsymbol{a}, \boldsymbol{b}$ および $c \in \mathbb{R}$ に対して，

(1) $\|c\boldsymbol{a}\| = |c|\|\boldsymbol{a}\|$

(2) $|\langle \boldsymbol{a}, \boldsymbol{b} \rangle| \leq \|\boldsymbol{a}\| \cdot \|\boldsymbol{b}\|$ （シュヴァルツの不等式）

(3) $\|\boldsymbol{a} + \boldsymbol{b}\| \leq \|\boldsymbol{a}\| + \|\boldsymbol{b}\|$ （三角不等式）

が成り立つ．

証明 (1) は定義から明らかなので，(2), (3) を示す．

(2) 定理 4.5.2 より，任意の実数 t に対して

$$\begin{aligned} \langle t\boldsymbol{a} + \boldsymbol{b}, t\boldsymbol{a} + \boldsymbol{b} \rangle &\geq 0 \\ t^2\|\boldsymbol{a}\|^2 + 2t\langle \boldsymbol{a}, \boldsymbol{b} \rangle + \|\boldsymbol{b}\|^2 &\geq 0 \end{aligned}$$

が成り立つ．したがって，

$$(\langle \boldsymbol{a}, \boldsymbol{b} \rangle)^2 - \|\boldsymbol{a}\|^2 \cdot \|\boldsymbol{b}\|^2 \leq 0,$$

すなわち，$|\langle \boldsymbol{a}, \boldsymbol{b} \rangle| \leq \|\boldsymbol{a}\| \cdot \|\boldsymbol{b}\|$ が成り立つ．

(3) 定理 4.5.2 と (2) より

$$\begin{aligned} \|\boldsymbol{a} + \boldsymbol{b}\|^2 &= \langle \boldsymbol{a} + \boldsymbol{b}, \boldsymbol{a} + \boldsymbol{b} \rangle \\ &= \|\boldsymbol{a}\|^2 + 2\langle \boldsymbol{a}, \boldsymbol{b} \rangle + \|\boldsymbol{b}\|^2 \\ &\leq \|\boldsymbol{a}\|^2 + 2\|\boldsymbol{a}\| \cdot \|\boldsymbol{b}\| + \|\boldsymbol{b}\|^2 \\ &= (\|\boldsymbol{a}\| + \|\boldsymbol{b}\|)^2 \end{aligned}$$

が成り立つ．$\|\boldsymbol{a} + \boldsymbol{b}\|, \|\boldsymbol{a}\| + \|\boldsymbol{b}\| \geq 0$ より，三角不等式を得る． □

シュヴァルツの不等式より，$\boldsymbol{a} \neq \boldsymbol{0}, \boldsymbol{b} \neq \boldsymbol{0}$ に対して，

$$-1 \leq \frac{\langle \boldsymbol{a}, \boldsymbol{b} \rangle}{\|\boldsymbol{a}\| \cdot \|\boldsymbol{b}\|} \leq 1$$

が成り立つ．このとき，実数 $\theta \, (-\pi \leq \theta \leq \pi)$ を

$$\frac{\langle \boldsymbol{a}, \boldsymbol{b} \rangle}{\|\boldsymbol{a}\| \cdot \|\boldsymbol{b}\|} = \cos\theta$$

を満たすようにとり，ベクトル $\boldsymbol{a}$ と $\boldsymbol{b}$ は角度 θ の角をなしているとみなす．特に $\theta = \dfrac{\pi}{2}$，つまり $\langle \boldsymbol{a}, \boldsymbol{b} \rangle = 0$ を満たすとき，$\boldsymbol{a}$ と $\boldsymbol{b}$ は**直交する**という．

シュミットの直交化法 1次独立なベクトルの組 $\{\boldsymbol{v}_1, \cdots, \boldsymbol{v}_k\}$ から，以下に述べる手順に従って，互いに直交しノルムが1のベクトルの組 $\{\boldsymbol{w}_1, \cdots, \boldsymbol{w}_k\}$ を導き出すことを**シュミットの直交化法**と呼ぶ．ベクトル $\boldsymbol{w}_i$ は，ベクトル $\boldsymbol{v}_i$ と $\boldsymbol{w}_1, \cdots, \boldsymbol{w}_{i-1}$ と平行なベクトルの差で得られるベクトル $\boldsymbol{u}_i$ のノルムを1にすることで定めていく．

- $\boldsymbol{w}_1$ は $\boldsymbol{w}_1 = \dfrac{1}{\|\boldsymbol{v}_1\|}\boldsymbol{v}_1$ と定める．
- $\boldsymbol{u}_2 = \boldsymbol{v}_2 - \langle \boldsymbol{v}_2, \boldsymbol{w}_1 \rangle \boldsymbol{w}_1$ とおき，$\boldsymbol{w}_2 = \dfrac{1}{\|\boldsymbol{u}_2\|}\boldsymbol{u}_2$ と定める．
- $\boldsymbol{u}_3 = \boldsymbol{v}_3 - \langle \boldsymbol{v}_3, \boldsymbol{w}_1 \rangle \boldsymbol{w}_1 - \langle \boldsymbol{v}_3, \boldsymbol{w}_2 \rangle \boldsymbol{w}_2$ とおき，$\boldsymbol{w}_3 = \dfrac{1}{\|\boldsymbol{u}_3\|}\boldsymbol{u}_3$ と定める．

  以下同様にくり返し，$\boldsymbol{w}_4, \cdots, \boldsymbol{w}_{k-1}$ を定めていき，
- $\boldsymbol{w}_k$ は $\boldsymbol{u}_k = \boldsymbol{v}_k - \langle \boldsymbol{v}_k, \boldsymbol{w}_1 \rangle \boldsymbol{w}_1 - \cdots - \langle \boldsymbol{v}_k, \boldsymbol{w}_{k-1} \rangle \boldsymbol{w}_{k-1}$ とおき，$\boldsymbol{w}_k = \dfrac{1}{\|\boldsymbol{u}_k\|}\boldsymbol{u}_k$ と定める．

定め方からベクトル $\boldsymbol{w}_i$ は $\boldsymbol{w}_1, \cdots, \boldsymbol{w}_{i-1}$ と直交することが確かめられる．

定義 4.5.5 部分空間 $\mathbb{V}$ の基底 $\{\boldsymbol{v}_1, \cdots, \boldsymbol{v}_k\}$ で $\|\boldsymbol{v}_i\| = 1$ $(i = 1, \cdots, k)$ と $\langle \boldsymbol{v}_i, \boldsymbol{v}_j \rangle = 0$ $(i \neq j)$ を満たすものを V の**正規直交基底**と呼ぶ． ◆◆◆

部分空間 $\mathbb{V}$ の任意の基底からシュミットの直交化によって正規直交基底を導き出すことができる．

練 習 問 題

1 次のベクトルの集まりは，1次独立か1次従属かを調べ，1次従属のときは1つのベクトルを他のベクトルの1次結合で表せ．

(1) $\begin{pmatrix} 1 \\ 2 \\ 1 \end{pmatrix}, \begin{pmatrix} -1 \\ 1 \\ 0 \end{pmatrix}, \begin{pmatrix} 1 \\ 2 \\ -3 \end{pmatrix}$

(2) $\begin{pmatrix} 2 \\ 3 \\ 0 \\ 1 \end{pmatrix}, \begin{pmatrix} 3 \\ 0 \\ 0 \\ -1 \end{pmatrix}, \begin{pmatrix} 0 \\ -1 \\ 1 \\ 3 \end{pmatrix}, \begin{pmatrix} 1 \\ 2 \\ 2 \\ -2 \end{pmatrix}$

2　次の $\mathbb{V}$ は $\mathbb{R}^3$ の部分空間となるかどうかを調べよ．

(1) $\mathbb{V} = \left\{ \boldsymbol{x} = \begin{pmatrix} x_1 \\ x_2 \\ x_3 \end{pmatrix} \in \mathbb{R}^3 \,\middle|\, x_1 x_2 x_3 = 0 \right\}$

(2) $\mathbb{V} = \left\{ \boldsymbol{x} = \begin{pmatrix} x_1 \\ x_2 \\ x_3 \end{pmatrix} \in \mathbb{R}^3 \,\middle|\, \begin{array}{r} x_1 - 2x_2 + x_3 = 0 \\ (2x_1 + 3x_2 - x_3)x_3 = 0 \end{array} \right\}$

3　次の部分空間の 1 組の基底と次元を求めよ．また 2 組の基底を求め，それらの基底に関する基底変換の行列を求めよ．

(1) $\mathbb{V} = \left\{ \begin{pmatrix} x_1 \\ x_2 \\ x_3 \end{pmatrix} \,\middle|\, \begin{array}{rcl} 2x_1 + 2x_2 + x_3 &=& 0 \\ x_1 + x_2 - 2x_3 &=& 0 \end{array} \right\}$

(2) $\mathbb{V}$ は次のベクトルで生成される部分空間とする．

$$\begin{pmatrix} 1 \\ 0 \\ 3 \\ 3 \end{pmatrix}, \begin{pmatrix} -1 \\ 2 \\ 3 \\ 4 \end{pmatrix}, \begin{pmatrix} 0 \\ 4 \\ 6 \\ 5 \end{pmatrix}, \begin{pmatrix} 1 \\ 2 \\ -5 \\ 1 \end{pmatrix}$$

4　$\mathbb{R}^n$ の 2 つの部分空間 $\mathbb{V}_1, \mathbb{V}_2$ に対し，$\mathbb{V}_1 \cap \mathbb{V}_2$ も部分空間となることを示せ．

5　$\mathbb{W}_1, \mathbb{W}_2$ を $\mathbb{R}^n$ の部分空間とする．

$$\mathbb{W}_1 + \mathbb{W}_2 = \{\boldsymbol{v}_1 + \boldsymbol{v}_2 | \boldsymbol{v}_1 \in \mathbb{W}_1, \boldsymbol{v}_2 \in \mathbb{W}_2\}$$

とするとき，次の問に答えよ．

(1) $\mathbb{W}_1 + \mathbb{W}_2$ が $\mathbb{R}^n$ の部分空間であることを示せ．

(2) $\dim(\mathbb{W}_1 + \mathbb{W}_2) = \dim \mathbb{W}_1 + \dim \mathbb{W}_2 - \dim(\mathbb{W}_1 \cap \mathbb{W}_2)$ を示せ．

第5章

線　形　写　像

関数 $f:\mathbb{R}\to\mathbb{R}$ の中で最も簡単な関数は，1 次関数

$$f(x) = ax$$

である．この関数は，扱いやすいだけでなく“関数の微分”という概念の中で中心的な役割を果たす．この関数を，ベクトル空間からベクトル空間への写像として一般化したものが線形写像である．もちろんこの写像は，“写像の微分”において中心的な役割を果たす．

5.1　$\mathbb{R}^n$ から $\mathbb{R}^m$ への線形写像

まず，$m\times n$ 行列 A から作られる $\mathbb{R}^n$ から $\mathbb{R}^m$ への写像を定義しよう．この写像を，行列 A から作られるということを強調するために $T_A:\mathbb{R}^n\to\mathbb{R}^m$ と表すことにする．

定義 5.1.1　$\boldsymbol{x}\in\mathbb{R}^n$ に対し，$T_A(\boldsymbol{x}) = A\boldsymbol{x}$ と定義する． 

この行列から作られる写像$T_A:\mathbb{R}^n\to\mathbb{R}^m$は，行列の積の性質から“**線形性**”と呼ばれる，次の特徴的な性質をもつ．

[I]　$T_A(\boldsymbol{x}+\boldsymbol{y}) = T_A(\boldsymbol{x}) + T_A(\boldsymbol{y})$　$(\boldsymbol{x},\boldsymbol{y}\in\mathbb{R}^n)$
[II]　$T_A(\lambda\boldsymbol{x}) = \lambda T_A(\boldsymbol{x})$　$(\lambda\in\mathbb{R},\boldsymbol{x}\in\mathbb{R}^n)$

例 5.1.2

$$A = \begin{pmatrix} 1 & 0 & -1 \\ 2 & 1 & 3 \end{pmatrix}$$

によって定義される写像は，$\mathbb{R}^3$ から $\mathbb{R}^2$ への写像で，

$$\boldsymbol{x} = \begin{pmatrix} x_1 \\ x_2 \\ x_3 \end{pmatrix} \in \mathbb{R}^3$$

に対して，

$$T_A(\boldsymbol{x}) = A\boldsymbol{x} = \begin{pmatrix} 1 & 0 & -1 \\ 2 & 1 & 3 \end{pmatrix} \begin{pmatrix} x_1 \\ x_2 \\ x_3 \end{pmatrix} = \begin{pmatrix} x_1 - x_3 \\ 2x_1 + x_2 + 3x_3 \end{pmatrix}$$

◆◆◆

行列から作られる写像のもつ性質として，線形性という性質を考えたが，逆に写像 $T : \mathbb{R}^n \to \mathbb{R}^m$ が，これらの性質

(1)　$T(\boldsymbol{x} + \boldsymbol{y}) = T(\boldsymbol{x}) + T(\boldsymbol{y}) \quad (\boldsymbol{x}, \boldsymbol{y} \in \mathbb{R}^n)$

(2)　$T(\lambda\boldsymbol{x}) = \lambda T(\boldsymbol{x}) \quad (\lambda \in \mathbb{R}, \boldsymbol{x} \in \mathbb{R}^n)$

をもっているとき，この写像を表す行列を得られるだろうか．

このことを調べるためにまず，ベクトル空間 $\mathbb{R}^n$ の標準基底

$$\boldsymbol{e}_1 = \begin{pmatrix} 1 \\ 0 \\ 0 \\ \vdots \\ 0 \end{pmatrix}, \quad \boldsymbol{e}_2 = \begin{pmatrix} 0 \\ 1 \\ 0 \\ \vdots \\ 0 \end{pmatrix}, \quad \cdots, \quad \boldsymbol{e}_n = \begin{pmatrix} 0 \\ 0 \\ \vdots \\ 0 \\ 1 \end{pmatrix}$$

をとり，任意の $\mathbb{R}^n$ のベクトル

$$\boldsymbol{x} = \begin{pmatrix} x_1 \\ x_2 \\ \vdots \\ x_n \end{pmatrix}$$

を

$$\boldsymbol{x} = x_1\boldsymbol{e}_1 + x_2\boldsymbol{e}_2 + \cdots + x_n\boldsymbol{e}_n$$

と表す．写像 $T : \mathbb{R}^n \to \mathbb{R}^m$ による $\boldsymbol{x}$ の像 $T(\boldsymbol{x})$ は，写像の線形性より，

$$\begin{aligned} T(\boldsymbol{x}) &= T(x_1\boldsymbol{e}_1 + x_2\boldsymbol{e}_2 + \cdots + x_n\boldsymbol{e}_n) \\ &= x_1T(\boldsymbol{e}_1) + x_2T(\boldsymbol{e}_2) + \cdots + x_nT(\boldsymbol{e}_n) \end{aligned}$$

と表せる．従って n 個のベクトル $\boldsymbol{e}_1, \boldsymbol{e}_2, \cdots, \boldsymbol{e}_n$ が，この写像 $T : \mathbb{R}^n \to \mathbb{R}^m$ によって，$\mathbb{R}^m$ のどのようなベクトルに移るかが決まれば，任意のベクトルがどのようなベクトルに移されるかが，決まってしまう．そこで，

$$T(\boldsymbol{e}_1) = \begin{pmatrix} a_{11} \\ a_{21} \\ \vdots \\ a_{m1} \end{pmatrix}, \quad T(\boldsymbol{e}_2) = \begin{pmatrix} a_{12} \\ a_{22} \\ \vdots \\ a_{m2} \end{pmatrix}, \quad \cdots, \quad T(\boldsymbol{e}_n) = \begin{pmatrix} a_{1n} \\ a_{2n} \\ \vdots \\ a_{mn} \end{pmatrix}$$

と表されるとしよう．このとき

$$\begin{aligned} T(\boldsymbol{x}) &= x_1 \begin{pmatrix} a_{11} \\ a_{21} \\ \vdots \\ a_{m1} \end{pmatrix} + x_2 \begin{pmatrix} a_{12} \\ a_{22} \\ \vdots \\ a_{m2} \end{pmatrix} + \cdots + x_n \begin{pmatrix} a_{1n} \\ a_{2n} \\ \vdots \\ a_{mn} \end{pmatrix} \\ &= \begin{pmatrix} a_{11} & a_{12} & \cdots & a_{1n} \\ a_{21} & a_{22} & \cdots & a_{2n} \\ \vdots & \vdots & \ddots & \vdots \\ a_{m1} & a_{m2} & \cdots & a_{mn} \end{pmatrix} \begin{pmatrix} x_1 \\ x_2 \\ \vdots \\ x_n \end{pmatrix} \end{aligned}$$

となるので，行列を

$$A = \begin{pmatrix} a_{11} & a_{12} & \cdots & a_{1n} \\ a_{21} & a_{22} & \cdots & a_{2n} \\ \vdots & \vdots & \ddots & \vdots \\ a_{m1} & a_{m2} & \cdots & a_{mn} \end{pmatrix}$$

とすれば，$T(\boldsymbol{x}) = T_A(\boldsymbol{x})$ となる．線形性をもつ写像 T_A, T を**線形写像**と呼ぶ．

例題 5.1.3 次の線形写像を作る行列を求めよ．

(1) $T : \mathbb{R}^2 \to \mathbb{R}^2,\ T(\boldsymbol{x}) = \boldsymbol{x}$

(2) $T : \mathbb{R}^2 \to \mathbb{R}^2,\ T(\boldsymbol{x}) = \boldsymbol{0}$

解答 $\mathbb{R}^2$ の標準基底

$$\boldsymbol{e}_1 = \begin{pmatrix} 1 \\ 0 \end{pmatrix}, \quad \boldsymbol{e}_2 = \begin{pmatrix} 0 \\ 1 \end{pmatrix}$$

の $T:\mathbb{R}^2 \to \mathbb{R}^2$ による像を調べればよい．

(1) $T(\boldsymbol{x}) = \boldsymbol{x}$ のとき，

$$T(\boldsymbol{e}_1) = \boldsymbol{e}_1 = \begin{pmatrix} 1 \\ 0 \end{pmatrix},$$

$$T(\boldsymbol{e}_2) = \boldsymbol{e}_2 = \begin{pmatrix} 0 \\ 1 \end{pmatrix}$$

なので，この線形写像を作る行列は

$$E_2 = \begin{pmatrix} 1 & 0 \\ 0 & 1 \end{pmatrix}$$

である．

(2) $T(\boldsymbol{x}) = \boldsymbol{0}$ のとき，同様にして，行列は零行列 $O_{2\times 2}$ である． □

例題 5.1.4 $m \times n$ 行列 A および $l \times m$ 行列 B より作られる線形写像を，それぞれ

(1) $T_A : \mathbb{R}^n \to \mathbb{R}^m$, $T_A(\boldsymbol{x}) = A\boldsymbol{x}$

(2) $T_B : \mathbb{R}^m \to \mathbb{R}^l$, $T_B(\boldsymbol{x}) = B\boldsymbol{x}$

と定義する．これら 2 つの線形写像の合成写像 $T_B \circ T_A : \mathbb{R}^n \to \mathbb{R}^l$ を表す行列を求めよ．

解答 $T_B \circ T_A(\boldsymbol{x}) = T_B(A\boldsymbol{x}) = B(A\boldsymbol{x}) = (BA)\boldsymbol{x}$ なので，この線形写像を表す行列は，BA である． □

5.2 部分空間 Ker (T), Im (T)

線形写像 $T : \mathbb{R}^n \to \mathbb{R}^m$ の性質より，次の結果が成立することをまず示そう．

命題 5.2.1 T は $\mathbb{R}^n$ の零ベクトルを $\mathbb{R}^n$ の零ベクトルを写す．

証明 線形性 [II] において，$\lambda = 0$ とすると，$T(0\boldsymbol{a}) = 0T(\boldsymbol{a})$．従って $T(\boldsymbol{0}) = \boldsymbol{0}$ □

線形写像 $T:\mathbb{R}^n \to \mathbb{R}^m$ に対する $\mathbb{R}^n$ の像 $T(\mathbb{R}^n)$ は，必ずしも $\mathbb{R}^m$ とならないし，また $T(\mathbb{R}^n)$ の次元が $\mathbb{R}^n$ の次元と一致するとも限らない．しかし，定義域の次元と像の次元とは，密接な関係がある．このことを示す前に，次の定義をしておこう．

定義 5.2.2 線形写像 $T:\mathbb{R}^n \to \mathbb{R}^m$ において，$\mathbb{R}^n$ の部分集合

$$\mathrm{Ker}\,(T) = \{\boldsymbol{x} \in \mathbb{R}^n \mid T(\boldsymbol{x}) = \boldsymbol{0}\}$$

を T の**核**といい，$\mathbb{R}^m$ の部分集合

$$\mathrm{Im}\,(T) = \{\boldsymbol{y} \in \mathbb{R}^m \mid \boldsymbol{y} = T(\boldsymbol{x}),\ \boldsymbol{x} \in \mathbb{R}^n\}^{(注}$$

を T の**像**という．

これらの部分集合は，実は部分空間となる．

命題 5.2.3 線形写像 $T:\mathbb{R}^n \to \mathbb{R}^m$ に対し，$\mathrm{Ker}\,(T)$ は $\mathbb{R}^n$ の部分空間であり，$\mathrm{Im}\,(T)$ は $\mathbb{R}^m$ の部分空間である．

証明 線形写像 $T:\mathbb{R}^n \to \mathbb{R}^m$ に対し，

(1) $\mathrm{Ker}(T)$ が部分空間であることを示す．命題 5.2.1 より

$$T(\boldsymbol{0}) = \boldsymbol{0}$$

なので，$\boldsymbol{0} \in \mathrm{Ker}\,(T)$ である．このことは，定義 4.2.1 の部分空間の条件 (i) を満たす．

次に $\boldsymbol{x}, \boldsymbol{x}' \in \mathrm{Ker}\,(T)$ とすると，

$$T(\boldsymbol{x}+\boldsymbol{x}') = T(\boldsymbol{x}) + T(\boldsymbol{x}') = \boldsymbol{0}+\boldsymbol{0} = \boldsymbol{0}$$

なので，$\boldsymbol{x}+\boldsymbol{x}' \in \mathrm{Ker}\,(T)$ となり，定義 4.2.1 の部分空間の条件 (ii) を満たす．

最後に $\lambda \in \mathbb{R}$, $\boldsymbol{x} \in \mathrm{Ker}\,(T)$ のとき，

$$T(\lambda\boldsymbol{x}) = \lambda T(\boldsymbol{x}) = \lambda\boldsymbol{0} = \boldsymbol{0}$$

となるので，定義 4.2.1 の部分空間の条件 (iii) を満たす．

(2) $\mathrm{Im}\,(T)$ が部分空間であることを示す．

$$T(\boldsymbol{0}) = \boldsymbol{0}$$

なので，$\boldsymbol{0} \in \mathrm{Im}\,(T)$ である．次に $\boldsymbol{y}, \boldsymbol{y}' \in \mathrm{Im}\,(T)$ とする．このとき，定義より，$\boldsymbol{x} \in \mathbb{R}^n, \boldsymbol{x}' \in \mathbb{R}^n$ が存在して，

$$\boldsymbol{y} = T(\boldsymbol{x}), \quad \boldsymbol{y}' = T(\boldsymbol{x}')$$

(注 一般的な写像 $T: X \to Y$ に対しては，その像を $T(X)$ と表すが，線形写像の場合は，このように表すことが多い．

である．ここで

$$\boldsymbol{y} + \boldsymbol{y}' = T(\boldsymbol{x}) + T(\boldsymbol{x}') = T(\boldsymbol{x} + \boldsymbol{x}')$$

となるので，$\boldsymbol{y} + \boldsymbol{y}' \in \mathrm{Im}\,(T)$ である．また $\lambda \in \mathbb{R}, \boldsymbol{y} \in \mathbb{R}^n$ のとき，

$$\lambda \boldsymbol{y} = \lambda T(\boldsymbol{x}) = T(\lambda \boldsymbol{x})$$

であるので，$\lambda \boldsymbol{y} \in \mathrm{Im}\,(T)$ である．従って，$\mathrm{Im}\,(T)$ は部分空間である．　□

例題 5.2.4　次の行列 A で作られる線形写像 $T_A : \mathbb{R}^3 \to \mathbb{R}^3$ に対し，$\mathrm{Ker}\,(T_A), \mathrm{Im}\,(T_A)$ の基底と次元を求めよ．

$$A = \begin{pmatrix} 1 & 1 & 0 \\ 0 & 1 & 1 \\ 1 & 0 & -1 \end{pmatrix}$$

解答　いま

$$\boldsymbol{x} = \begin{pmatrix} x_1 \\ x_2 \\ x_3 \end{pmatrix}$$

に対し，

$$T_A(\boldsymbol{x}) = A\boldsymbol{x} = x_1 \begin{pmatrix} 1 \\ 0 \\ 1 \end{pmatrix} + x_2 \begin{pmatrix} 1 \\ 1 \\ 0 \end{pmatrix} + x_3 \begin{pmatrix} 0 \\ 1 \\ -1 \end{pmatrix}$$

であるので，$\mathrm{Im}\,(T_A)$ は，3 つのベクトル

$$\begin{pmatrix} 1 \\ 0 \\ 1 \end{pmatrix}, \quad \begin{pmatrix} 1 \\ 1 \\ 0 \end{pmatrix}, \quad \begin{pmatrix} 0 \\ 1 \\ -1 \end{pmatrix}$$

の 1 次結合で表される部分空間である．これら 3 つのベクトルより作られる行列

$$\begin{pmatrix} 1 & 1 & 0 \\ 0 & 1 & 1 \\ 1 & 0 & -1 \end{pmatrix}$$

を簡約化すると，

$$\begin{pmatrix} 1 & 0 & -1 \\ 0 & 1 & 1 \\ 0 & 0 & 0 \end{pmatrix}$$

となるので，基底は

$$\left\{\begin{pmatrix}1\\0\\1\end{pmatrix},\begin{pmatrix}1\\1\\0\end{pmatrix}\right\}$$

で，次元が 2 の $\mathbb{R}^3$ の部分空間である．

次に $\mathrm{Ker}\,(T_A)$ であるが，これは

$$T_A(\boldsymbol{x}) = A\boldsymbol{x} = \mathbf{0}$$

となるベクトル $\boldsymbol{x}$ の全体なので，同次連立 1 次方程式

$$\begin{pmatrix}1 & 1 & 0\\0 & 1 & 1\\1 & 0 & -1\end{pmatrix}\begin{pmatrix}x_1\\x_2\\x_3\end{pmatrix}=\begin{pmatrix}0\\0\\0\end{pmatrix}$$

の解の全体なのである．これを解いて

$$\begin{pmatrix}x_1\\x_2\\x_3\end{pmatrix}=c\begin{pmatrix}1\\-1\\1\end{pmatrix}\quad (c\text{ は任意の実数})$$

を得る．従って $\mathrm{Ker}\,(T_A)$ の基底は

$$\left\{\begin{pmatrix}1\\-1\\1\end{pmatrix}\right\}$$

で，次元が 1 の $\mathbb{R}^3$ の部分空間である． □

この例題において，$\mathrm{Ker}\,(T_A), \mathrm{Im}\,(T_A)$ の次元の和が 3 で，定義域 $\mathbb{R}^3$ の次元と等しくなっているが，これは偶然ではない．2 つの部分空間 $\mathrm{Ker}\,(T_A)$ と $\mathrm{Im}\,(T_A)$ に対し，次の美しい関係が成立する．

定理 5.2.5 線形写像 $T : \mathbb{R}^n \to \mathbb{R}^m$ に対し，次が成立する．

$$\dim \mathrm{Ker}\,(T) + \dim \mathrm{Im}\,(T) = \dim \mathbb{R}^n = n$$

証明 線形写像 $T : \mathbb{R}^n \to \mathbb{R}^m$ とを表す $m \times n$ 行列 A を

$$A = (\boldsymbol{a}_1 \quad \boldsymbol{a}_2 \quad \cdots \quad \boldsymbol{a}_n)$$

と n 次元列ベクトルで表しておく．いま，

$$\boldsymbol{x} = \begin{pmatrix} x_1 \\ x_2 \\ \vdots \\ x_n \end{pmatrix}$$

とすると，

$$T(\boldsymbol{x}) = A\boldsymbol{x} = A \begin{pmatrix} x_1 \\ x_2 \\ \vdots \\ x_n \end{pmatrix} = x_1\boldsymbol{a}_1 + x_2\boldsymbol{a}_2 + \cdots + x_n\boldsymbol{a}_n$$

と表されるので，$\mathrm{Im}\,(T)$ は，n 個のベクトル $\boldsymbol{a}_1, \boldsymbol{a}_2, \cdots, \boldsymbol{a}_n$ で生成される部分空間である．従って，命題 4.2.13 により，

$$\dim \mathrm{Im}\,(T) = \mathrm{rank}\, A$$

である．

次に $\mathrm{Ker}\,(T)$ は，連立 1 次方程式 $A\boldsymbol{x} = \boldsymbol{0}$ の解空間なので，命題 4.2.12 より，

$$\dim \mathrm{Ker}\,(T) = n - \mathrm{rank}\, A$$

従って，

$$\dim \mathrm{Ker}\,(T) + \dim \mathrm{Im}\,(T) = n$$

となる．□

5.3 ベクトル空間上の線形写像と表現行列

前の節で $\mathbb{R}^n$ 上の線形写像について標準基底をもとに考察を行ったが，ここで標準基底とは異なる基底をもとに線形写像について考察をしよう．まず次の定義をもう 1 度与えておこう．

定義 5.3.1　ベクトル空間 $\mathbb{V} = \mathbb{R}^n$ からベクトル空間 $\mathbb{W} = \mathbb{R}^m$ への写像 $T : \mathbb{V} \to \mathbb{W}$ が**線形写像**であるとは，次の 2 つの条件を満たすときをいう．

(1)　$\boldsymbol{x}, \boldsymbol{y} \in \mathbb{V}$ に対し，$T(\boldsymbol{x} + \boldsymbol{y}) = T(\boldsymbol{x}) + T(\boldsymbol{y})$

(2)　$\boldsymbol{x} \in \mathbb{V}, \lambda \in \mathbb{R}$ に対し $\lambda T(\boldsymbol{x}) = \lambda T(\boldsymbol{x})$

5.2 節では標準基底を用いて，線形写像が，ある行列から作られることを示した．ここでは任意の基底に対して線形写像を行列で表したい．

n 次元ベクトル空間 $\mathbb{V}=\mathbb{R}^n$ から m 次元ベクトル空間 $\mathbb{W}=\mathbb{R}^m$ への線形写像を $T:\mathbb{V}\to\mathbb{W}$ とする．2 つのベクトル空間の基底をそれぞれ

$$\begin{aligned}&\mathbb{V}\text{ の基底} &:\quad &\{\boldsymbol{v}_1,\boldsymbol{v}_2,\cdots,\boldsymbol{v}_n\}\\ &\mathbb{W}\text{ の基底} &:\quad &\{\boldsymbol{w}_1,\boldsymbol{w}_2,\cdots,\boldsymbol{w}_m\}\end{aligned}$$

と定める．

いま，$\boldsymbol{y}=T(\boldsymbol{x})$ とし，$\boldsymbol{x}$ の基底 $\{\boldsymbol{v}_1,\boldsymbol{v}_2,\cdots,\boldsymbol{v}_n\}$ に関する座標，$\boldsymbol{y}$ の基底 $\{\boldsymbol{w}_1,\boldsymbol{w}_2,\cdots,\boldsymbol{w}_m\}$ に関する座標を，それぞれ

$$\boldsymbol{x}\text{の座標}\quad:\quad\begin{pmatrix}x_1\\x_2\\\vdots\\x_n\end{pmatrix}$$

$$\boldsymbol{y}=T(\boldsymbol{x})\text{ の座標}\quad:\quad\begin{pmatrix}y_1\\y_2\\\vdots\\y_m\end{pmatrix}$$

とする．これら 2 つの座標の関係を調べよう．まず基底と座標の関係から

$$\begin{aligned}\boldsymbol{x}&=x_1\boldsymbol{v}_1+x_2\boldsymbol{v}_2+\cdots+x_n\boldsymbol{v}_n\\ \boldsymbol{y}&=y_1\boldsymbol{w}_1+y_2\boldsymbol{w}_2+\cdots+y_m\boldsymbol{w}_m\end{aligned}$$

である．T の線形性より

$$\begin{aligned}\boldsymbol{y}&=T(\boldsymbol{x})\\ &=T(x_1\boldsymbol{v}_1+x_2\boldsymbol{v}_2+\cdots+x_n\boldsymbol{v}_n)\\ &=x_1T(\boldsymbol{v}_1)+x_2T(\boldsymbol{v}_2)+\cdots+x_nT(\boldsymbol{v}_n) \qquad \cdots(*)\end{aligned}$$

である．そこで，これらのベクトル $T(\boldsymbol{v}_1),T(\boldsymbol{v}_2),\cdots,T(\boldsymbol{v}_n)\in\mathbb{W}$ が，$\mathbb{W}$ の基底により

$$
\begin{aligned}
T(\boldsymbol{v}_1) &= a_{11}\boldsymbol{w}_1 + a_{21}\boldsymbol{w}_2 + \cdots + a_{m1}\boldsymbol{w}_m \\
T(\boldsymbol{v}_2) &= a_{12}\boldsymbol{w}_1 + a_{22}\boldsymbol{w}_2 + \cdots + a_{m2}\boldsymbol{w}_m \\
&\vdots \\
T(\boldsymbol{v}_n) &= a_{1n}\boldsymbol{w}_1 + a_{2n}\boldsymbol{w}_2 + \cdots + a_{mn}\boldsymbol{w}_m
\end{aligned}
$$

と表されるとしよう．これらを (∗) 式に代入すると，

$$
\begin{aligned}
\boldsymbol{y} = &(a_{11}x_1 + a_{12}x_2 + \cdots + a_{1n}x_n)\boldsymbol{w}_1 \\
&+ (a_{21}x_1 + a_{22}x_2 + \cdots + a_{2n}x_n)\boldsymbol{w}_2 \\
&\vdots \\
&+ (a_{m1}x_1 + a_{m2}x_2 + \cdots + a_{mn}x_n)\boldsymbol{w}_m
\end{aligned}
$$

となる．ここで，

$$\boldsymbol{y} = y_1\boldsymbol{w}_1 + y_2\boldsymbol{w}_2 + \cdots + y_m\boldsymbol{w}_m$$

なので

$$
\begin{pmatrix} y_1 \\ y_2 \\ \vdots \\ y_m \end{pmatrix} = \begin{pmatrix} a_{11}x_1 + a_{12}x_2 + \cdots + a_{1n}x_n \\ a_{21}x_2 + a_{22}x_2 + \cdots + a_{2n}x_n \\ \vdots \\ a_{m1}x_1 + a_{m2}x_2 + \cdots + a_{mn}x_n \end{pmatrix}
$$

を得る．これは

$$
\begin{pmatrix} y_1 \\ y_2 \\ \vdots \\ y_m \end{pmatrix} = \begin{pmatrix} a_{11} & a_{12} & \cdots & a_{1n} \\ a_{21} & a_{22} & \cdots & a_{2n} \\ \vdots & \vdots & \ddots & \vdots \\ a_{m1} & a_{m2} & \cdots & a_{mn} \end{pmatrix} \begin{pmatrix} x_1 \\ x_2 \\ \vdots \\ x_n \end{pmatrix}
$$

と書き換えられる．この式が座標間の関係である．このとき得られる行列

$$
A = \begin{pmatrix} a_{11} & a_{12} & \cdots & a_{1n} \\ a_{21} & a_{22} & \cdots & a_{2n} \\ \vdots & \vdots & \ddots & \vdots \\ a_{m1} & a_{m2} & \cdots & a_{mn} \end{pmatrix}
$$

を基底 $\{\boldsymbol{v}_1, \boldsymbol{v}_2, \cdots, \boldsymbol{v}_n\}$ と基底 $\{\boldsymbol{w}_1, \boldsymbol{w}_2, \cdots, \boldsymbol{w}_m\}$ に関する線形写像 T の**表現行列**という．

線形写像 $T : \mathbb{V} \to \mathbb{W}$ は，それぞれのベクトル空間に基底を定めることにより，ベクトルの座標の全体である $\mathbb{R}^n$ から $\mathbb{R}^m$ への線形写像 $T_A : \mathbb{R}^n \to \mathbb{R}^m$ とみなすことが出来る．

5.4 表現行列と基底変換

線形写像の表現行列は，基底の取り方に依存している．従って1つの線形写像に対し，基底が異なれば，異なる表現行列が得られることになる．表現行列間の関係を述べておこう．

いま n 次元ベクトル空間 $\mathbb{V} = \mathbb{R}^n$ から m 次元ベクトル空間 $\mathbb{W} = \mathbb{R}^m$ への線形写像を

$$T : \mathbb{V} \to \mathbb{W}$$

とする．また $\mathbb{V}, \mathbb{W}$ の基底を次のようなものとし，それぞれに名前を付けておく．

$\mathbb{V}$ の基底：

$$\beta_{\mathbb{V}} = \{\boldsymbol{v}_1, \boldsymbol{v}_2, \cdots, \boldsymbol{v}_n\} \text{ および } \beta'_{\mathbb{V}} = \{\boldsymbol{v}'_1, \boldsymbol{v}'_2, \cdots, \boldsymbol{v}'_n\}$$

$\mathbb{W}$ の基底：

$$\beta_{\mathbb{W}} = \{\boldsymbol{w}_1, \boldsymbol{w}_2, \cdots, \boldsymbol{w}_m\} \text{ および } \beta'_{\mathbb{W}} = \{\boldsymbol{w}'_1, \boldsymbol{w}'_2, \cdots, \boldsymbol{w}'_m\}$$

また

(1) $\beta_{\mathbb{V}}$ から $\beta'_{\mathbb{V}}$ への基底変換の行列を P

(2) $\beta_{\mathbb{W}}$ から $\beta'_{\mathbb{W}}$ への基底変換の行列を Q

とするとき，次の定理が成立する．

定理 5.4.1 線形写像 $T : \mathbb{V} \to \mathbb{W}$ に対し，

T の基底 $\beta_{\mathbb{V}}, \beta_{\mathbb{W}}$ に関する表現行列を A

T の基底 $\beta'_{\mathbb{V}}, \beta'_{\mathbb{W}}$ に関する表現行列を B

とする．このとき

$$B = Q^{-1}AP$$

証明　$\boldsymbol{y} = T(\boldsymbol{x})$ とする．$\boldsymbol{x}$ の基底 $\beta_{\mathbb{V}}$ に関する座標および $\beta'_{\mathbb{V}}$ に関する座標をそれぞれ

$$\begin{pmatrix} x_1 \\ x_2 \\ \vdots \\ x_n \end{pmatrix}, \quad \begin{pmatrix} x'_1 \\ x'_2 \\ \vdots \\ x'_n \end{pmatrix}$$

とし，$\boldsymbol{y}$ の基底 $\beta_{\mathbb{W}}$ に関する座標，および基底 $\beta'_{\mathbb{W}}$ に関する座標をそれぞれ

$$\begin{pmatrix} y_1 \\ y_2 \\ \vdots \\ y_m \end{pmatrix}, \quad \begin{pmatrix} y'_1 \\ y'_2 \\ \vdots \\ y'_m \end{pmatrix}$$

とする．このとき，

$$(1) \quad \begin{pmatrix} x_1 \\ x_2 \\ \vdots \\ x_n \end{pmatrix} = P \begin{pmatrix} x'_1 \\ x'_2 \\ \vdots \\ x'_n \end{pmatrix}, \qquad (2) \quad \begin{pmatrix} y_1 \\ y_2 \\ \vdots \\ y_m \end{pmatrix} = Q \begin{pmatrix} y'_1 \\ y'_2 \\ \vdots \\ y'_m \end{pmatrix}$$

であり，また

$$(3) \quad \begin{pmatrix} y_1 \\ y_2 \\ \vdots \\ y_m \end{pmatrix} = A \begin{pmatrix} x_1 \\ x_2 \\ \vdots \\ x_n \end{pmatrix}, \qquad (4) \quad \begin{pmatrix} y'_1 \\ y'_2 \\ \vdots \\ y'_m \end{pmatrix} = B \begin{pmatrix} x'_1 \\ x'_2 \\ \vdots \\ x'_n \end{pmatrix}$$

である．(3) に (1), (2) を代入して，

$$Q \begin{pmatrix} y'_1 \\ y'_2 \\ \vdots \\ y'_m \end{pmatrix} = AP \begin{pmatrix} x'_1 \\ x'_2 \\ \vdots \\ x'_m \end{pmatrix} \quad \Longleftrightarrow \quad \begin{pmatrix} y'_1 \\ y'_2 \\ \vdots \\ y'_m \end{pmatrix} = Q^{-1}PA \begin{pmatrix} x'_1 \\ x'_2 \\ \vdots \\ x'_m \end{pmatrix}$$

となる．これと (4) を比較して

$$B = Q^{-1}AP$$

である．　□

例題 5.4.2 線形写像 $T:\mathbb{R}^3 \to \mathbb{R}^2$ が,

$$\boldsymbol{x} = \begin{pmatrix} x_1 \\ x_2 \\ x_3 \end{pmatrix} \in \mathbb{R}^3 \text{ に対し}, T(\boldsymbol{x}) = \begin{pmatrix} 1 & 0 & -1 \\ 2 & 1 & 3 \end{pmatrix} \begin{pmatrix} x_1 \\ x_2 \\ x_3 \end{pmatrix}$$

で定義されている．$\mathbb{R}^3$ と $\mathbb{R}^2$ に与えられた次の基底に関する T の表現行列を求めよ．

$$\mathbb{R}^3 \text{の基底} \quad \left\{ \boldsymbol{v}_1 = \begin{pmatrix} 1 \\ 0 \\ 3 \end{pmatrix}, \boldsymbol{v}_2 = \begin{pmatrix} 1 \\ 1 \\ 0 \end{pmatrix}, \boldsymbol{v}_3 = \begin{pmatrix} 1 \\ 0 \\ 1 \end{pmatrix} \right\}$$

$$\mathbb{R}^2 \text{の基底} \quad \left\{ \boldsymbol{v}_1 = \begin{pmatrix} 1 \\ 2 \end{pmatrix}, \boldsymbol{v}_2 = \begin{pmatrix} 1 \\ 3 \end{pmatrix} \right\}$$

解答 まずこの線形写像の $\mathbb{R}^3, \mathbb{R}^2$ における標準基底に関する表現行列は

$$A = \begin{pmatrix} 1 & 0 & -1 \\ 2 & 1 & 3 \end{pmatrix}$$

である．また $\mathbb{R}^3$, $\mathbb{R}^2$ それぞれにおける基底変換の行列は

$$P = \begin{pmatrix} 1 & 1 & 0 \\ 0 & 1 & 1 \\ 3 & 0 & 1 \end{pmatrix}, \quad Q = \begin{pmatrix} 1 & 1 \\ 2 & 3 \end{pmatrix}$$

であるので,

$$B = Q^{-1}AP = \begin{pmatrix} 3 & -1 \\ -2 & 1 \end{pmatrix} \begin{pmatrix} 1 & 0 & -1 \\ 2 & 1 & 3 \end{pmatrix} \begin{pmatrix} 1 & 1 & 0 \\ 0 & 1 & 1 \\ 3 & 0 & 1 \end{pmatrix}$$

$$= \begin{pmatrix} -17 & 0 & -7 \\ 15 & 1 & 6 \end{pmatrix}$$

□

定義 5.4.3 定義域と値域が同じベクトル空間である線形写像，すなわちベクトル空間 $\mathbb{V} = \mathbb{R}^n$ からそれ自身 $\mathbb{V}$ への線形写像 $T:\mathbb{V} \to \mathbb{V}$ を，$\mathbb{V}$ の**線形変換**と呼ぶ．

◆◆◆

一般の線形写像では，定義域，値域それぞれのベクトル空間に基底を定めることにより，その線形写像の表現行列を求めたが，線形変換においては，定義域，値域が同じこともあり 1 つの基底を定めることで表現行列が得られる．線形写像の表現行列と基底変換に関する定理 5.4.1 において，

$$\mathbb{V} = \mathbb{W} = \mathbb{R}^n$$
$$\{\boldsymbol{v}_1, \boldsymbol{v}_2, \cdots, \boldsymbol{v}_n\} = \{\boldsymbol{u}_1, \boldsymbol{u}_2, \cdots, \boldsymbol{u}_m\}$$
$$\{\boldsymbol{v}'_1, \boldsymbol{v}'_2, \cdots, \boldsymbol{v}'_n\} = \{\boldsymbol{u}'_1, \boldsymbol{u}'_2, \cdots, \boldsymbol{u}'_m\}$$

とすることにより，次の定理が成立する．

定理 5.4.4　ベクトル空間 $\mathbb{V} = \mathbb{R}^n$ における 2 組の基底を，$\{\boldsymbol{v}_1, \boldsymbol{v}_2, \cdots, \boldsymbol{v}_n\}$, $\{\boldsymbol{v}'_1, \boldsymbol{v}'_2, \cdots, \boldsymbol{v}'_n\}$ とし，基底変換の行列を P とする．また，線形変換 $T : \mathbb{V} \to \mathbb{V}$ の基底 $\{\boldsymbol{v}_1, \boldsymbol{v}_2, \cdots, \boldsymbol{v}_n\}$ に対する表現行列を A，$\{\boldsymbol{v}'_1, \boldsymbol{v}'_2, \cdots, \boldsymbol{v}'_n\}$ に対する表現行列を B とするとき，次が成り立つ．

$$B = P^{-1}AP$$

例題 5.4.5　$\mathbb{R}^2$ 上の線形変換 $T : \mathbb{R}^2 \to \mathbb{R}^2$ が，

$$\boldsymbol{x} = \begin{pmatrix} x_1 \\ x_2 \end{pmatrix} \in \mathbb{R}^2 \text{に対し，} \quad T(\boldsymbol{x}) = \begin{pmatrix} 4 & -2 \\ 1 & 1 \end{pmatrix} \begin{pmatrix} x_1 \\ x_2 \end{pmatrix}$$

で定義されている．$\mathbb{R}^2$ に与えられた次の基底に関する T の表現行列を求めよ．

$$\mathbb{R}^2 \text{の基底} \quad \left\{ \boldsymbol{v}_1 = \begin{pmatrix} 1 \\ 1 \end{pmatrix}, \boldsymbol{v}_2 = \begin{pmatrix} 2 \\ 1 \end{pmatrix} \right\}$$

解答　$\mathbb{R}^2$ の標準基底に関する T の表現行列は

$$A = \begin{pmatrix} 4 & -2 \\ 1 & 1 \end{pmatrix}$$

で，基底変換の行列は

$$P = \begin{pmatrix} 1 & 2 \\ 1 & 1 \end{pmatrix}$$

である．従って

$$B = P^{-1}AP = \begin{pmatrix} -1 & 2 \\ 1 & -1 \end{pmatrix} \begin{pmatrix} 4 & -2 \\ 1 & 1 \end{pmatrix} \begin{pmatrix} 1 & 2 \\ 1 & 1 \end{pmatrix} = \begin{pmatrix} 2 & 0 \\ 0 & 3 \end{pmatrix} \qquad \square$$

練　習　問　題

1　次の行列 A で作られる線形写像 $T_A : \mathbb{R}^3 \to \mathbb{R}^4$ に対し，$\mathrm{Ker}\,(T_A)$, $\mathrm{Im}\,(T_A)$ の基底と次元を求めよ．

$$A = \begin{pmatrix} 1 & -1 & 0 \\ 0 & 2 & 4 \\ 3 & 3 & 6 \\ 3 & 4 & 5 \end{pmatrix}$$

2　線形写像 $T : \mathbb{R}^3 \to \mathbb{R}^2$ が，

$$\boldsymbol{x} = \begin{pmatrix} x_1 \\ x_2 \\ x_3 \end{pmatrix} \in \mathbb{R}^3 \text{に対し}, T(\boldsymbol{x}) = \begin{pmatrix} 2 & 1 & -1 \\ 3 & -1 & 5 \end{pmatrix} \begin{pmatrix} x_1 \\ x_2 \\ x_3 \end{pmatrix}$$

で定義されている．$\mathbb{R}^3$ と $\mathbb{R}^2$ に与えられた次の基底に関する T の表現行列を求めよ．

$$\mathbb{R}^3 \text{の基底} \quad \left\{ \boldsymbol{v}_1 = \begin{pmatrix} 1 \\ 0 \\ 3 \end{pmatrix}, \boldsymbol{v}_2 = \begin{pmatrix} 1 \\ 1 \\ 0 \end{pmatrix}, \boldsymbol{v}_3 = \begin{pmatrix} 1 \\ 0 \\ 1 \end{pmatrix} \right\}$$

$$\mathbb{R}^2 \text{の基底} \quad \left\{ \boldsymbol{v}_1 = \begin{pmatrix} 1 \\ 2 \end{pmatrix}, \boldsymbol{v}_2 = \begin{pmatrix} 2 \\ 5 \end{pmatrix} \right\}$$

3　$\mathbb{R}^3$ 上の線形変換 $T : \mathbb{R}^3 \to \mathbb{R}^3$ が，

$$\boldsymbol{x} = \begin{pmatrix} x_1 \\ x_2 \\ x_3 \end{pmatrix} \in \mathbb{R}^3 \text{に対し}, T(\boldsymbol{x}) = \begin{pmatrix} 1 & -1 & 2 \\ 1 & 1 & 1 \\ 3 & 1 & 4 \end{pmatrix} \begin{pmatrix} x_1 \\ x_2 \\ x_3 \end{pmatrix}$$

で定義されている．$\mathbb{R}^3$ に与えられた次の基底に関する T の表現行列を求めよ．

$$\mathbb{R}^3 \text{の基底} \quad \left\{ \boldsymbol{v}_1 = \begin{pmatrix} 1 \\ 1 \\ 0 \end{pmatrix}, \boldsymbol{v}_2 = \begin{pmatrix} 0 \\ 1 \\ 1 \end{pmatrix}, \boldsymbol{v}_3 = \begin{pmatrix} 1 \\ 0 \\ 1 \end{pmatrix} \right\}$$

4　$\mathbb{R}^3$ 上の線形変換 $T : \mathbb{R}^3 \to \mathbb{R}^3$ が，3つの1次独立なベクトル $\boldsymbol{p}_1, \boldsymbol{p}_2, \boldsymbol{p}_3$ に対し，

$$T(\boldsymbol{p}_1) = \lambda_1 \boldsymbol{p}_1$$
$$T(\boldsymbol{p}_2) = \lambda_2 \boldsymbol{p}_2$$
$$T(\boldsymbol{p}_3) = \lambda_3 \boldsymbol{p}_3$$

となっているとき，基底 $\{\boldsymbol{p}_1, \boldsymbol{p}_2, \boldsymbol{p}_3\}$ に関する T の表現行列を求めよ．

第6章

行　列　式

6.1 置　　換

n 個の元からなる集合 $N=\{1,2,\cdots,n\}$ から N への全単射

$$\sigma : N \to N$$

を n 文字の**置換**という．また，n 文字の置換全体の集合を S_n で表す．つまり

$$S_n=\{\sigma \mid \sigma \text{ は } N \text{ から } N \text{ への全単射}\}$$

である．各 i $(i=1,2,\cdots,n)$ に対し，i と σ による i の像 $\sigma(i)$ を上下に並べ，次のように記述することが出来る．

$$\begin{pmatrix} 1 & 2 & \cdots & n \\ \sigma(1) & \sigma(2) & \cdots & \sigma(n) \end{pmatrix}$$

この記述は，上下の情報のみが重要なので，1 行目を $1,2,\cdots,n$ の順番で並べる必要はない．例えば，

$$\begin{pmatrix} 1 & 2 & 3 \\ \sigma(1) & \sigma(2) & \sigma(3) \end{pmatrix} = \begin{pmatrix} 2 & 3 & 1 \\ \sigma(2) & \sigma(3) & \sigma(1) \end{pmatrix}$$
$$= \begin{pmatrix} 2 & 1 & 3 \\ \sigma(2) & \sigma(1) & \sigma(3) \end{pmatrix} = \cdots$$

である．この表示において，1 行目の順番を $1,2,\cdots,n$ と固定すると，置換は 2 行目の並べ方によって決まるので，S_n は

$$S_n = \left\{ \begin{pmatrix} 1 & 2 & \cdots & n \\ i_1 & i_2 & \cdots & i_n \end{pmatrix} \middle| \, i_1, i_2, \cdots, i_n \text{ は } 1, 2, \cdots, n \text{ の並び替え} \right\}$$

と見なせる[注1].

定義 6.1.1 図 6.1 のように長方形の上下の辺にそれぞれ n 点 $1, 2, \cdots, n$ をとる．n 文字の置換 σ に対し，上辺の i と下辺の $\sigma(i)$ $(i = 1, 2, \cdots, n)$ を折れ線で結ぶ．ただし，3 本の折れ線が 1 ヶ所で交わることはなく，折れ線どうしの交わりは，折れ線の頂点上にないものとする．これを，σ の**長方形表示**と呼ぶ．

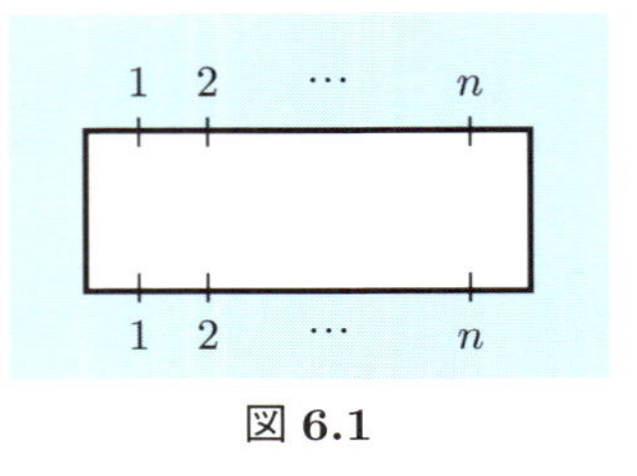

図 6.1

σ の長方形表示において，折れ線の交点の総数が P であるとき，σ の**符号** $\operatorname{sgn}\sigma$ を

$$\operatorname{sgn}\sigma = (-1)^P$$

と定める[注2]. ◆◆◆

例 6.1.2 4 文字の置換

$$\sigma = \begin{pmatrix} 1 & 2 & 3 & 4 \\ 2 & 3 & 4 & 1 \end{pmatrix}$$

に対し，その長方形表示は下の図 6.2 のように得られるので，$\operatorname{sgn}\sigma = (-1)^3 = -1$ である． ◆◆◆

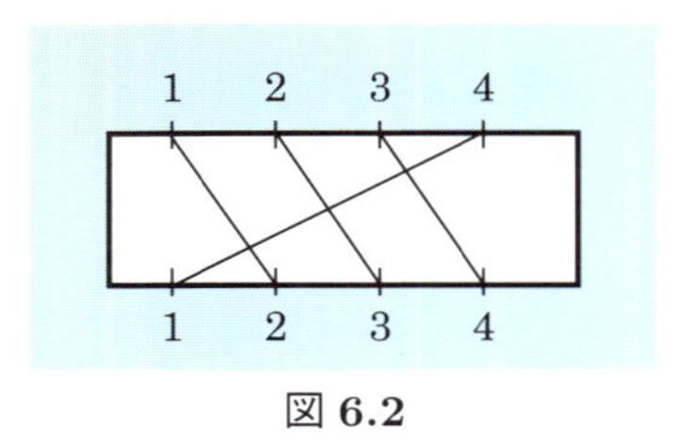

図 6.2

問 6.1.3 3 文字の置換を全て求め，それぞれの符号を求めよ．

(注1 S_n の元の総数は n 文字の並べ方の総数，つまり $n!$ である．

(注2 次の命題で述べるが，置換の長方形表示において，折れ線の描き方は 1 通りではないが，符号は表示の仕方によらない．

例 6.1.4 置換 $\sigma_1, \sigma_2 \in S_n$ は $\{1,2,\cdots,n\}$ から $\{1,2,\cdots,n\}$ への全単射写像なので，合成写像

$$\sigma_1 \circ \sigma_2 : \{1,2,\cdots,n\} \to \{1,2,\cdots,n\},\ i \longmapsto \sigma_1(\sigma_2(i))$$

も全単写になる．つまり，$\sigma_1 \circ \sigma_2$ は S_n の元になる．また図 6.3 のように，$\sigma_1 \circ \sigma_2$ の長方形表示は σ_1 の長方形表示の上辺と，σ_2 の長方形表示の下辺を貼り合わせて得られるので，

$$\operatorname{sgn} \sigma_1 \circ \sigma_2 = \operatorname{sgn} \sigma_1 \cdot \operatorname{sgn} \sigma_2$$

が成立する． ◆◆◆

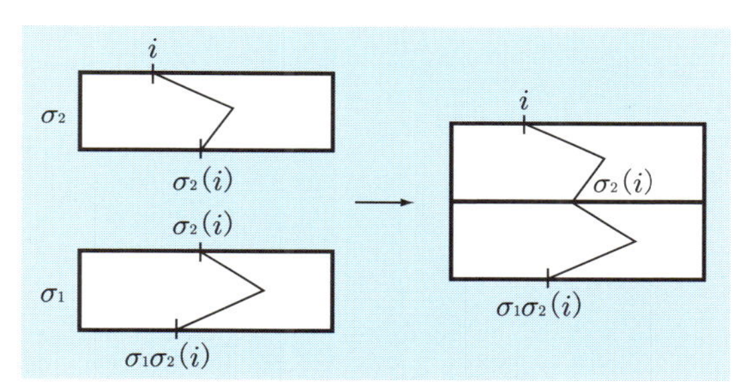

図 6.3

命題 6.1.5 $\operatorname{sgn} \sigma$ は長方形上の折れ線のとり方によらず一定である．

証明 上辺の i と下辺の $\sigma(i)$ を結ぶ折れ線を l_i $(i = 1, 2, \cdots, n)$ とする．また，上辺の 1 と下辺の $\sigma(1)$ を l_1 と異なる折れ線 l_1' で結ぶ．l_1 と l_j $(j \geq 2)$ との交点の総数を P_j，l_1' と l_j $(j \geq 2)$ との交点の総数を P_j' としたとき(注，

$$(-1)^{P_j} = (-1)^{P_j'}$$

を示せば十分である．

ここで，l_1 と l_1' で囲まれる領域を D とし，l_j 上を上辺の j から下辺の $\sigma(j)$ に向かって進むと，

「領域 D の境界線と，奇数回目に交わるたびに D の中に入り，
偶数回目に交わるたびに D から出る.」

上辺の j と下辺の $\sigma(j)$ は，領域 D の外側にあるので，D に入れば，必ず出る．つまり，D の境界線と偶数回交わる．従って，$P_j + P_j'$ は偶数であり，$(-1)^{P_j} = (-1)^{P_j'}$ が得られる． □

(注 l_1, $l_1{}'$, l_j $(j \geq 2)$ は 1 点で交わらないとしても，差しつかえない．

定義 6.1.6 置換

$$\sigma = \begin{pmatrix} 1 & 2 & \cdots & n \\ \sigma(1) & \sigma(2) & \cdots & \sigma(n) \end{pmatrix}$$

に対し，置換

$$\begin{pmatrix} \sigma(1) & \sigma(2) & \cdots & \sigma(n) \\ 1 & 2 & \cdots & n \end{pmatrix}$$

を σ の**逆置換**といい，σ^{-1} で表す. ◆◆◆

注意 σ^{-1} の長方形表示は，σ の長方形表示の上下をひっくり返して得られるので，

$$\operatorname{sgn}\sigma = \operatorname{sgn}\sigma^{-1}$$

$$\sigma \circ \sigma^{-1} = \sigma^{-1} \circ \sigma = \begin{pmatrix} 1 & 2 & \cdots & n \\ 1 & 2 & \cdots & n \end{pmatrix}$$

である.

定義 6.1.7 集合 $\{1, 2, \cdots, n\}$ 内の異なる2つの数 i, j に対し，i を j に，j を i に，その他の k を k に写す写像を i と j の**互換**といい，σ_{ij} と書く. つまり，

$$\sigma_{ij}(k) = k \ (k \neq i, j), \quad \sigma_{ij}(i) = j, \quad \sigma_{ij}(j) = i$$

である.

注意 互換 σ_{ij} の長方形表示は下図のようになるので，長方形の“中心線”を l とすると，l より上側の交点の総数と l より下側の交点の総数は等しい. また l 上に1個の交点があるので，

$$\operatorname{sgn}\sigma_{ij} = -1$$

が得られる.

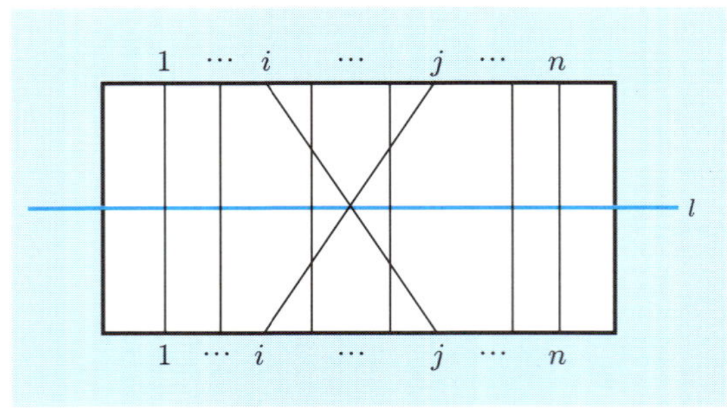

図 6.4

6.2 行　列　式

定義 6.2.1　n 次正方行列 $A = (a_{ij})$ に対し，実数

$$\sum_{\sigma \in S_n} \operatorname{sgn} \sigma \cdot a_{1\sigma(1)} a_{2\sigma(2)} \cdots a_{n\sigma(n)}$$

を A の**行列式**といい，$\det A$，または $|A|$ と表す．また，A の対角成分を全てかけ合わせた数

$$a_{11} a_{22} \cdots a_{nn}$$

を $\mathrm{d}A$ と表すことにする． 

注意　行列 A の列ベクトルへの分割

$$A = (\boldsymbol{a}_1 \ \ \boldsymbol{a}_2 \ \ \cdots \ \ \boldsymbol{a}_n)$$

に対し，行列

$$(\boldsymbol{a}_{\sigma(1)} \ \ \boldsymbol{a}_{\sigma(2)} \ \ \cdots \ \ \boldsymbol{a}_{\sigma(n)})$$

を $\sigma(A)$ と表すことにすると，明らかに

$$\det A = \sum_{\sigma \in S_n} \operatorname{sgn} \sigma \cdot \mathrm{d}\sigma(A)$$

が成立する．

例 6.2.2　(1)　2 次の正方行列

$$A = \begin{pmatrix} a & b \\ c & d \end{pmatrix}$$

に対し，

$$\begin{aligned} \det A &= \operatorname{sgn} \begin{pmatrix} 1 & 2 \\ 1 & 2 \end{pmatrix} \cdot \mathrm{d} \begin{pmatrix} a & b \\ c & d \end{pmatrix} + \operatorname{sgn} \begin{pmatrix} 1 & 2 \\ 2 & 1 \end{pmatrix} \cdot \mathrm{d} \begin{pmatrix} b & a \\ d & c \end{pmatrix} \\ &= ad - bc \end{aligned}$$

(2)　3 次の正方行列を

$$A = (a_{ij}) = (\boldsymbol{a}_1 \ \ \boldsymbol{a}_2 \ \ \boldsymbol{a}_3)$$

とする．

$$
\begin{aligned}
\det A =& \operatorname{sgn}\begin{pmatrix}1&2&3\\1&2&3\end{pmatrix}\cdot \mathrm{d}(\boldsymbol{a}_1\ \ \boldsymbol{a}_2\ \ \boldsymbol{a}_3) + \operatorname{sgn}\begin{pmatrix}1&2&3\\2&3&1\end{pmatrix}\cdot \mathrm{d}(\boldsymbol{a}_2\ \ \boldsymbol{a}_3\ \ \boldsymbol{a}_1)\\
&+ \operatorname{sgn}\begin{pmatrix}1&2&3\\3&1&2\end{pmatrix}\cdot \mathrm{d}(\boldsymbol{a}_3\ \ \boldsymbol{a}_1\ \ \boldsymbol{a}_2) + \operatorname{sgn}\begin{pmatrix}1&2&3\\3&2&1\end{pmatrix}\cdot \mathrm{d}(\boldsymbol{a}_3\ \ \boldsymbol{a}_2\ \ \boldsymbol{a}_1)\\
&+ \operatorname{sgn}\begin{pmatrix}1&2&3\\1&3&2\end{pmatrix}\cdot \mathrm{d}(\boldsymbol{a}_1\ \ \boldsymbol{a}_3\ \ \boldsymbol{a}_2) + \operatorname{sgn}\begin{pmatrix}1&2&3\\2&1&3\end{pmatrix}\cdot \mathrm{d}(\boldsymbol{a}_2\ \ \boldsymbol{a}_1\ \ \boldsymbol{a}_3)\\
=& \mathrm{d}(\boldsymbol{a}_1\ \ \boldsymbol{a}_2\ \ \boldsymbol{a}_3) + \mathrm{d}(\boldsymbol{a}_2\ \ \boldsymbol{a}_3\ \ \boldsymbol{a}_1) + \mathrm{d}(\boldsymbol{a}_3\ \ \boldsymbol{a}_1\ \ \boldsymbol{a}_2)\\
&- \mathrm{d}(\boldsymbol{a}_3\ \ \boldsymbol{a}_2\ \ \boldsymbol{a}_1) - \mathrm{d}(\boldsymbol{a}_1\ \ \boldsymbol{a}_3\ \ \boldsymbol{a}_2) - \mathrm{d}(\boldsymbol{a}_2\ \ \boldsymbol{a}_1\ \ \boldsymbol{a}_3)\\
=& a_{11}a_{22}a_{33} + a_{12}a_{23}a_{31} + a_{13}a_{21}a_{32}\\
&- a_{13}a_{22}a_{31} - a_{11}a_{23}a_{32} - a_{12}a_{21}a_{33}
\end{aligned}
$$

◆◆◆

例 6.2.3 対角行列（対角成分以外の成分が全て 0 の行列）$A = (a_{ij})$ の行列式を計算する．行列式の定義

$$
\sum_{\sigma \in S_n} \operatorname{sgn}\sigma \cdot a_{1\sigma(1)}a_{2\sigma(2)}\cdots a_{n\sigma(n)}
$$

において

$$
a_{1\sigma(1)}a_{2\sigma(2)}\cdots a_{n\sigma(n)} = 0 \quad (\sigma(i) \neq i)
$$

なので，$\det A = \mathrm{d}A$ である．つまり，

$$
\det\begin{pmatrix}
a_{11} & 0 & \cdots & 0\\
0 & a_{22} & \ddots & \vdots\\
\vdots & \ddots & \ddots & 0\\
0 & \cdots & 0 & a_{nn}
\end{pmatrix} = a_{11}a_{22}\cdots a_{nn}
$$

である．

◆◆◆

次の命題は行列式の定義から容易に得られる．

命題 6.2.4

(1) $\det(\boldsymbol{a}_1\ \ \cdots\ \ \boldsymbol{a}_{j-1}\ \ c\boldsymbol{a}_j\ \ \boldsymbol{a}_{j+1}\ \ \cdots\ \ \boldsymbol{a}_n) = c\det(\boldsymbol{a}_1\ \ \cdots\ \ \boldsymbol{a}_j\ \ \cdots\ \ \boldsymbol{a}_n)$

(2) $\det(\boldsymbol{a}_1\ \ \cdots\ \ \boldsymbol{a}_{j-1}\ \ \boldsymbol{a}'_j + \boldsymbol{a}''_j\ \ \boldsymbol{a}_{j+1}\ \ \cdots\ \ \boldsymbol{a}_n)$

$\quad = \det(\boldsymbol{a}_1\ \ \cdots\ \ \boldsymbol{a}'_j\ \ \cdots\ \ \boldsymbol{a}_n) + \det(\boldsymbol{a}_1\ \ \cdots\ \ \boldsymbol{a}''_j\ \ \cdots\ \ \boldsymbol{a}_n)$

上の (1), (2) の性質を行列式の列に関する**線形性**という．

問 6.2.5　命題 6.2.4 を証明せよ．

命題 6.2.6　行列 A の 2 つの列が一致していれば，$\det A = 0$ である．つまり，

$$\boldsymbol{a}_i = \boldsymbol{a}_j \ (i \neq j) \quad \text{ならば} \quad \det(\boldsymbol{a}_1 \ \ \boldsymbol{a}_2 \ \ \cdots \ \ \boldsymbol{a}_n) = 0$$

証明　仮定から，$\sigma_{ij}(A) = A$．また，σ が S_n をくまなく動くとき，$\sigma \circ \sigma_{ij}$ も S_n をくまなく動くので[注]，

$$\begin{aligned}
\det A &= \sum_{\sigma\circ\sigma_{ij} \in S_n} \operatorname{sgn} \sigma \circ \sigma_{ij} \cdot \mathrm{d}\sigma \circ \sigma_{ij}(A) \\
&= \sum_{\sigma \in S_n} \operatorname{sgn} \sigma \cdot \operatorname{sgn} \sigma_{ij} \cdot \mathrm{d}\sigma(\sigma_{ij}(A)) \\
&= -\sum_{\sigma \in S_n} \operatorname{sgn} \sigma \cdot \mathrm{d}\sigma(A) = -\det A
\end{aligned}$$

従って，$\det A = 0$ を得る．　□

系 6.2.7　行列のある列に他の列の何倍かを加えても行列式は変わらない．つまり，

$$\det(\boldsymbol{a}_1 \ \ \cdots \ \ \boldsymbol{a}_{i-1} \ \ \boldsymbol{a}_i + c\boldsymbol{a}_j \ \ \boldsymbol{a}_{i+1} \ \ \cdots \ \ \boldsymbol{a}_n) = \det(\boldsymbol{a}_1 \ \ \boldsymbol{a}_2 \ \ \cdots \ \ \boldsymbol{a}_n)$$

証明　行列式の線形性（命題 6.2.4）から次を得る．

$$\begin{aligned}
&\det(\boldsymbol{a}_1 \ \ \cdots \ \ \boldsymbol{a}_{i-1} \ \ \boldsymbol{a}_i + c\boldsymbol{a}_j \ \ \boldsymbol{a}_{i+1} \ \ \cdots \ \ \boldsymbol{a}_n) \\
&= \det(\boldsymbol{a}_1 \ \ \boldsymbol{a}_2 \ \ \cdots \ \ \boldsymbol{a}_n) + c\det(\boldsymbol{a}_1 \ \ \cdots \ \ \boldsymbol{a}_j \ \ \cdots \ \ \boldsymbol{a}_j \ \ \cdots \ \ \boldsymbol{a}_n) \\
&= \det(\boldsymbol{a}_1 \ \ \boldsymbol{a}_2 \ \ \cdots \ \ \boldsymbol{a}_n)
\end{aligned}$$

□

系 6.2.8　行列の 2 つの列を交換して，得られる行列の行列式はもとの行列の行列式を -1 倍したものになる．つまり，

$$\det \sigma_{ij}(A) = -\det A$$

[注]　$\sigma \neq \sigma'$ に対し，$\sigma \circ \sigma_{ij} \neq \sigma' \circ \sigma_{ij}$．

証明　行列式の線形性（と命題 6.2.4）から次を得る．

$$\begin{aligned}
0 &= \det(\boldsymbol{a}_1 \ \cdots \ \boldsymbol{a}_i + \boldsymbol{a}_j \ \cdots \ \boldsymbol{a}_i + \boldsymbol{a}_j \ \cdots \ \boldsymbol{a}_n) \\
&= \det(\boldsymbol{a}_1 \ \cdots \ \boldsymbol{a}_i \ \cdots \ \boldsymbol{a}_i \ \cdots \ \boldsymbol{a}_n) + \det(\boldsymbol{a}_1 \ \cdots \ \boldsymbol{a}_i \ \cdots \ \boldsymbol{a}_j \ \cdots \ \boldsymbol{a}_n) \\
&\quad + \det(\boldsymbol{a}_1 \ \cdots \ \boldsymbol{a}_j \ \cdots \ \boldsymbol{a}_i \ \cdots \ \boldsymbol{a}_n) + \det(\boldsymbol{a}_1 \ \cdots \ \boldsymbol{a}_j \ \cdots \ \boldsymbol{a}_j \ \cdots \ \boldsymbol{a}_n) \\
&= \det(\boldsymbol{a}_1 \ \cdots \ \boldsymbol{a}_i \ \cdots \ \boldsymbol{a}_j \ \cdots \ \boldsymbol{a}_n) + \det(\boldsymbol{a}_1 \ \cdots \ \boldsymbol{a}_j \ \cdots \ \boldsymbol{a}_i \ \cdots \ \boldsymbol{a}_n) \\
&= \det(\boldsymbol{a}_1 \ \cdots \ \boldsymbol{a}_i \ \cdots \ \boldsymbol{a}_j \ \cdots \ \boldsymbol{a}_n) + \det \sigma_{ij}(\boldsymbol{a}_1 \ \cdots \ \boldsymbol{a}_i \ \cdots \ \boldsymbol{a}_j \ \cdots \ \boldsymbol{a}_n)
\end{aligned}$$

□

命題 6.2.9　n 次正方行列 $A = (a_{ij})$ に対し，次が成立する．

$$\det A = \sum_{\sigma \in S_n} \operatorname{sgn} \sigma \cdot a_{\sigma(1)1} a_{\sigma(2)2} \cdots a_{\sigma(n)n}$$

証明　$\sigma^{-1}(\sigma(i)) = i \ (i = 1, 2, \cdots, n)$ であることと，$\{\sigma(1), \sigma(2), \cdots, \sigma(n)\} = \{1, 2, \cdots, n\}$ であることから，

$$\begin{aligned}
\det A &= \sum_{\sigma \in S_n} \operatorname{sgn} \sigma \cdot a_{1\sigma(1)} a_{2\sigma(2)} \cdots a_{n\sigma(n)} \\
&= \sum_{\sigma \in S_n} \operatorname{sgn} \sigma^{-1} \cdot a_{\sigma^{-1}(\sigma(1))\sigma(1)} a_{\sigma^{-1}(\sigma(2))\sigma(2)} \cdots a_{\sigma^{-1}(\sigma(n))\sigma(n)} \\
&= \sum_{\sigma \in S_n} \operatorname{sgn} \sigma^{-1} \cdot a_{\sigma^{-1}(1)1} a_{\sigma^{-1}(2)2} \cdots a_{\sigma^{-1}(n)n}
\end{aligned}$$

ここで，$\{\sigma \mid \sigma \in S_n\} = \{\sigma^{-1} \mid \sigma \in S_n\}$ なので，結論を得る．　□

注意　行列 A の行ベクトルへの分割

$$A = \begin{pmatrix} \boldsymbol{a}_1 \\ \boldsymbol{a}_2 \\ \vdots \\ \boldsymbol{a}_n \end{pmatrix}$$

に対し，

$$\det A = \sum_{\sigma \in S_n} \operatorname{sgn} \sigma \cdot \mathrm{d} \begin{pmatrix} \boldsymbol{a}_{\sigma(1)} \\ \boldsymbol{a}_{\sigma(2)} \\ \vdots \\ \boldsymbol{a}_{\sigma(n)} \end{pmatrix}$$

が成立する．

前ページの命題 6.2.9 を用いると，列に関して示した行列式の命題が，行に関しても成立することが示せる．

命題 6.2.10 (1) 行列式は行に関して線形性をもつ．つまり，

$$\det\begin{pmatrix} \boldsymbol{a}_1 \\ \vdots \\ c\boldsymbol{a}_j \\ \vdots \\ \boldsymbol{a}_n \end{pmatrix} = c\det\begin{pmatrix} \boldsymbol{a}_1 \\ \vdots \\ \boldsymbol{a}_j \\ \vdots \\ \boldsymbol{a}_n \end{pmatrix},$$

$$\det\begin{pmatrix} \boldsymbol{a}_1 \\ \vdots \\ \boldsymbol{a}'_j + \boldsymbol{a}''_j \\ \vdots \\ \boldsymbol{a}_n \end{pmatrix} = \det\begin{pmatrix} \boldsymbol{a}_1 \\ \vdots \\ \boldsymbol{a}'_j \\ \vdots \\ \boldsymbol{a}_n \end{pmatrix} + \det\begin{pmatrix} \boldsymbol{a}_1 \\ \vdots \\ \boldsymbol{a}''_j \\ \vdots \\ \boldsymbol{a}_n \end{pmatrix}$$

(2) 行列のある行に他の行の何倍かを加えても行列式は変わらない．

(3) 行列の 2 つの行を交換して，得られる行列の行列式はもとの行列の行列式を -1 倍したものになる．

(4) 行列 A の 2 つの行が一致していれば，$\det A = 0$ である．

上の命題から直ちに次が得られる．

系 6.2.11 正方行列 A から基本変形して得られる行列を B とすると，$\det A \neq 0$ であるための必要十分条件は $\det B \neq 0$ である．

この系から，さらに次が得られる．

命題 6.2.12 行列 A が正則であるための必要十分条件は，$\det A \neq 0$ であることである．

証明 A が正則ならば，その簡約行列は単位行列 E である．$\det E = 1$ なので，系 6.2.11 から $\det A \neq 0$ を得る．

一方，$\det A \neq 0$ とし，A の簡約行列を B とする．もし，n 次正方行列 A が正則でないとすれば，

$$\operatorname{rank} A = \operatorname{rank} B < n$$

なので，B の第 n 行は零ベクトルである．従って，定義 6.2.1 より，$\det B = 0$．これは $\det A \neq 0$ に矛盾する． □

例題 6.2.13 次の行列の行列式を計算せよ．

$$\begin{pmatrix} 3 & -2 & 5 & 1 \\ 2 & -5 & -1 & 4 \\ -3 & 2 & 3 & 2 \\ 1 & 3 & 2 & 5 \end{pmatrix}$$

解答

$$\begin{vmatrix} 3 & -2 & 5 & 1 \\ 2 & -5 & -1 & 4 \\ -3 & 2 & 3 & 2 \\ 1 & 3 & 2 & 5 \end{vmatrix}$$

$$= -\begin{vmatrix} 1 & 3 & 2 & 5 \\ 2 & -5 & -1 & 4 \\ -3 & 2 & 3 & 2 \\ 3 & -2 & 5 & 1 \end{vmatrix} \quad (\text{第 1 行と第 4 行を交換する})$$

$$= -\begin{vmatrix} 1 & 3 & 2 & 5 \\ 0 & -11 & -5 & -6 \\ 0 & 11 & 9 & 17 \\ 0 & -11 & -1 & -14 \end{vmatrix} \quad \begin{pmatrix} \text{第 2 行に第 1 行} \times (-2) \text{ を加える} \\ \text{第 3 行に第 1 行} \times 3 \text{ を加える} \\ \text{第 4 行に第 1 行} \times (-3) \text{ を加える} \end{pmatrix}$$

$$= -\begin{vmatrix} 1 & 0 & 0 & 0 \\ 0 & -11 & -5 & -6 \\ 0 & 11 & 9 & 17 \\ 0 & -11 & -1 & -14 \end{vmatrix} \quad \begin{pmatrix} \text{第 2 列に第 1 列} \times (-3) \text{ を加える} \\ \text{第 3 列に第 1 列} \times (-2) \text{ を加える} \\ \text{第 4 列に第 1 列} \times (-5) \text{ を加える} \end{pmatrix}$$

$$
= -\begin{vmatrix} 1 & 0 & 0 & 0 \\ 0 & -11 & -5 & -6 \\ 0 & 0 & 4 & 11 \\ 0 & 0 & 4 & -8 \end{vmatrix} \quad \begin{pmatrix} \text{第 3 行に第 2 行を加える} \\ \text{第 4 行に第 2 行} \times(-1) \text{ を加える} \end{pmatrix}
$$

$$
= -\begin{vmatrix} 1 & 0 & 0 & 0 \\ 0 & -11 & 0 & 0 \\ 0 & 0 & 4 & 11 \\ 0 & 0 & 4 & -8 \end{vmatrix} \quad \begin{pmatrix} \text{第 3 列に第 2 列} \times(-\frac{5}{11}) \text{ を加える} \\ \text{第 4 列に第 2 列} \times(-\frac{6}{11}) \text{ を加える} \end{pmatrix}
$$

$$
= -\begin{vmatrix} 1 & 0 & 0 & 0 \\ 0 & -11 & 0 & 0 \\ 0 & 0 & 4 & 11 \\ 0 & 0 & 0 & -19 \end{vmatrix} \quad (\text{第 4 行に第 3 行} \times(-1) \text{ を加える})
$$

$$
= -\begin{vmatrix} 1 & 0 & 0 & 0 \\ 0 & -11 & 0 & 0 \\ 0 & 0 & 4 & 0 \\ 0 & 0 & 0 & -19 \end{vmatrix} \quad (\text{第 4 列に第 3 列} \times(-\tfrac{11}{4}) \text{ を加える})
$$

$$
= -836
$$

□

6.3 補足・発展 ——行列式の展開公式——

行列式を求める方法の一つに対角行列の行列式に式変形を行う方法がある．しかしながら，成分に変数を含む行列においては行列式を対角行列の形に変形することが難しい場合が多い．ここでは行列式の計算を小さな行列の行列式の計算に帰着させて求める展開公式を紹介する．

$n \times n$ 行列 $A = \begin{pmatrix} a_{11} & \cdots & a_{1n} \\ \vdots & \vdots & \vdots \\ a_{n1} & \cdots & a_{nn} \end{pmatrix}$ から第 i 行と第 j 列を取り除いて得られる $(n-1) \times (n-1)$ 行列を A_{ij} とおく．例えば，$A = \begin{pmatrix} a_{11} & a_{12} & a_{13} \\ a_{21} & a_{22} & a_{23} \\ a_{31} & a_{32} & a_{33} \end{pmatrix}$ に

対して，A_{11} や A_{12} は

$$A_{11} = \begin{pmatrix} a_{22} & a_{23} \\ a_{32} & a_{33} \end{pmatrix} \quad や \quad A_{12} = \begin{pmatrix} a_{21} & a_{23} \\ a_{31} & a_{33} \end{pmatrix}$$

となる．

定理 6.3.1 （行列式の展開公式） $n \times n$ 行列 A の行列式 $|A|$ は，第 i 行の成分 $a_{i1}, \cdots, a_{in}$ と行列式 $|A_{i1}|, \cdots, |A_{in}|$ の積に符号 $(-1)^{i+1}, \cdots, (-1)^{i+n}$ を付けた和

$$(-1)^{i+1} a_{i1} |A_{i1}| + \cdots + (-1)^{i+n} a_{in} |A_{in}|$$

に等しい．すなわち，

$$|A| = (-1)^{i+1} a_{i1} |A_{i1}| + \cdots + (-1)^{i+n} a_{in} |A_{in}| \qquad \cdots ①$$

が成り立つ．ここで第 i 行は任意に選べる．

また行列式 $|A|$ は，第 j 列の成分 $a_{1j}, \cdots, a_{nj}$ と行列式 $|A_{1j}|, \cdots, |A_{nj}|$ の積に符号 $(-1)^{1+j}, \cdots, (-1)^{n+j}$ を付けた和

$$(-1)^{1+j} a_{1j} |A_{1j}| + \cdots + (-1)^{n+j} a_{nj} |A_{nj}|$$

にも等しい．すなわち，

$$|A| = (-1)^{1+j} a_{1j} |A_{1j}| + \cdots + (-1)^{n+j} a_{nj} |A_{nj}| \qquad \cdots ②$$

が成り立つ．ここで第 j 列は任意に選べる．

定義 6.3.2 定理 6.3.1 の等式①を**行列式 $|A|$ の第 i 行に関する展開公式**と呼び，等式②を**行列式 $|A|$ の第 j 列に関する展開公式**と呼ぶ． ◆◆◆

定理 6.3.1 を証明するために補題を準備しよう．

補題 6.3.3 行列 $A = \begin{pmatrix} a_{11} & 0 & \cdots & 0 \\ a_{21} & a_{22} & \cdots & a_{2n} \\ \vdots & \vdots & \vdots & \vdots \\ a_{n1} & a_{n2} & \cdots & a_{nn} \end{pmatrix}$ の行列式 $|A|$ は

$$|A| = a_{11} \cdot \begin{vmatrix} a_{22} & \cdots & a_{n2} \\ \vdots & \vdots & \vdots \\ a_{n2} & \cdots & a_{nn} \end{vmatrix} \qquad \cdots ③$$

を満たす.

また行列 $B = \begin{pmatrix} b_{11} & b_{12} & \cdots & b_{1n} \\ 0 & a_{22} & \cdots & a_{2n} \\ \vdots & \vdots & \vdots & \vdots \\ 0 & a_{n2} & \cdots & a_{nn} \end{pmatrix}$ の行列式 $|B|$ は

$$|B| = b_{11} \cdot \begin{vmatrix} b_{22} & \cdots & b_{n2} \\ \vdots & \vdots & \vdots \\ b_{n2} & \cdots & b_{nn} \end{vmatrix} \qquad \cdots ④$$

を満たす.

証明 置換 $\sigma \in S_n$ に対して，行列 A の成分 $a_{1\sigma(1)}$ は

$$a_{1\sigma(1)} = \begin{cases} a_{11} & (\sigma(1) = 1) \\ 0 & (\sigma(1) \neq 1) \end{cases}$$

となる．行列式 $|A|$ の定義より

$$\begin{aligned} |A| &= \sum_{\sigma \in S_n} \operatorname{sgn} \sigma \cdot a_{1\sigma(1)} a_{2\sigma(2)} \cdots a_{n\sigma(n)} \\ &= \sum_{\substack{\sigma \in S_n, \\ \sigma(1)=1}} \operatorname{sgn} \sigma \cdot a_{11} a_{2\sigma(2)} \cdots a_{n\sigma(n)} \\ &= a_{11} \sum_{\substack{\sigma \in S_n, \\ \sigma(1)=1}} \operatorname{sgn} \sigma \cdot a_{2\sigma(2)} \cdots a_{n\sigma(n)} \end{aligned}$$

となり，$\sigma(1)=1$ を満たす置換 $\sigma \in S_n$ の集まりは，$\{2,\cdots,n\}$ の置換全体とみなせるので

$$= a_{11} \cdot \begin{vmatrix} a_{22} & \cdots & a_{2n} \\ \vdots & \vdots & \vdots \\ a_{n2} & \cdots & a_{nn} \end{vmatrix}$$

を得る．

また置換 $\sigma \in S_n$ に対して，行列 B の成分 $b_{\sigma(1)1}$ は

$$b_{\sigma(1)1} = \begin{cases} b_{11} & (\sigma(1)=1) \\ 0 & (\sigma(1) \neq 1) \end{cases}$$

となる．命題 6.2.9 より，行列式 $|B|$ を

$$|B| \ = \ \sum_{\sigma \in S_n} \operatorname{sgn}\sigma \cdot b_{\sigma(1)1} b_{\sigma(2)2} \cdots b_{\sigma(n)n}$$

とみなすと，行列 A の場合と同様にして

$$\begin{aligned} &= \sum_{\substack{\sigma \in S_n, \\ \sigma(1)=1}} \operatorname{sgn}\sigma \cdot b_{11} b_{\sigma(2)2} \cdots b_{\sigma(n)n} \\ &= b_{11} \sum_{\substack{\sigma \in S_n, \\ \sigma(1)=1}} \operatorname{sgn}\sigma \cdot b_{\sigma(2)2} \cdots b_{\sigma(n)n} \\ &= b_{11} \cdot \begin{vmatrix} b_{22} & \cdots & b_{2n} \\ \vdots & \vdots & \vdots \\ b_{n2} & \cdots & b_{nn} \end{vmatrix} \end{aligned}$$

を得る． □

補題 6.3.3 を使って，定理 6.3.1 を証明しよう．

定理6.3.1の証明 $n \times n$ 行列 $A=(a_{ij})$ の第 i 行 $(a_{i1}\ a_{i2}\ \cdots\ a_{in})$ を

$$(a_{i1}\ a_{i2}\ \cdots\ a_{in}) = (a_{i1}\ 0\ \cdots\ 0) + (0\ a_{i2}\ 0\ \cdots\ 0) + \cdots + (0\ \cdots\ 0\ a_{in})$$

とみなすと，定理 6.2.10 (2) より，行列式 $|A|$ は

$$|A| = \begin{vmatrix} a_{11} & a_{12} & \cdots & a_{1n} \\ \vdots & \vdots & \vdots & \vdots \\ a_{i1} & 0 & \cdots & 0 \\ \vdots & \vdots & \vdots & \vdots \\ a_{n1} & a_{n2} & \cdots & a_{nn} \end{vmatrix} + \begin{vmatrix} a_{11} & a_{12} & \cdots & a_{1n} \\ \vdots & \vdots & \vdots & \vdots \\ 0 & a_{i2} & \cdots & 0 \\ \vdots & \vdots & \vdots & \vdots \\ a_{n1} & a_{n2} & \cdots & a_{nn} \end{vmatrix} + \cdots$$

$$\cdots + \begin{vmatrix} a_{11} & a_{12} & \cdots & a_{1n} \\ \vdots & \vdots & \vdots & \vdots \\ 0 & 0 & \cdots & a_{in} \\ \vdots & \vdots & \vdots & \vdots \\ a_{n1} & a_{n2} & \cdots & a_{nn} \end{vmatrix} \qquad \cdots (*)$$

を満たす．また $(*)$ の右辺の第 j 項の行列式は，定理 6.2.10 (3) と系 6.2.8 をくり返し適用すると補題 6.3.3 の③より

$$\begin{vmatrix} a_{11} & \cdots & a_{1j} & \cdots & a_{1n} \\ \vdots & & \vdots & & \vdots \\ 0 & \cdots & a_{ij} & \cdots & 0 \\ \vdots & & \vdots & & \vdots \\ a_{n1} & \cdots & a_{nj} & \cdots & a_{nn} \end{vmatrix} = (-1)^{i-1} \begin{vmatrix} 0 & \cdots & a_{ij} & \cdots & 0 \\ a_{11} & \cdots & a_{1j} & \cdots & a_{1n} \\ \vdots & & \vdots & & \vdots \\ a_{n1} & \cdots & a_{nj} & \cdots & a_{nn} \end{vmatrix}$$

$$= (-1)^{i+j} \begin{vmatrix} a_{ij} & 0 & \cdots & 0 \\ a_{1j} & a_{11} & \cdots & a_{1n} \\ \vdots & \vdots & \vdots & \vdots \\ a_{nj} & a_{n1} & \cdots & a_{nn} \end{vmatrix}$$

$$= (-1)^{i+j}|A_{ij}| \qquad \cdots (**)$$

となる．$(**)$ を $(*)$ の右辺に代入すると第 i 行に関する展開公式

$$|A| = (-1)^{i+1}a_{i1}|A_{i1}| + \cdots + (-1)^{i+j}a_{ij}|A_{ij}| + \cdots + (-1)^{i+n}a_{in}|A_{in}|$$

を得る．

第 j 列に関する展開公式は，行列 A の第 j 列を

$$\begin{pmatrix} a_{1j} \\ \vdots \\ a_{nj} \end{pmatrix} = \begin{pmatrix} a_{1j} \\ 0 \\ \vdots \\ 0 \end{pmatrix} + \cdots + \begin{pmatrix} 0 \\ \vdots \\ 0 \\ a_{nj} \end{pmatrix}$$

とみなすと，命題 6.2.10 (1) より，行列式 $|A|$ は

$$|A| = \begin{vmatrix} a_{11} & \cdots & a_{1j} & \cdots & a_{1n} \\ a_{21} & \cdots & 0 & \cdots & a_{2n} \\ \vdots & \vdots & \vdots & \vdots & \vdots \\ a_{n1} & \cdots & 0 & \cdots & a_{nn} \end{vmatrix} + \cdots + \begin{vmatrix} a_{11} & \cdots & 0 & \cdots & a_{1n} \\ a_{21} & \cdots & \vdots & \cdots & a_{2n} \\ \vdots & \vdots & 0 & \vdots & \vdots \\ a_{n1} & \cdots & a_{nj} & \cdots & a_{nn} \end{vmatrix}$$

を満たし，右辺は各行列式に定理 6.2.10 (3) と系 6.2.8 をくり返し適用すると補題 6.3.3 ④より

$$= (-1)^{1+j} a_{1j} |A_{1j}| + \cdots + (-1)^{n+j} a_{nj} |A_{nj}|$$

となり，第 j 列に関する展開公式を得る． □

練 習 問 題

1 次の行列式を計算せよ．

(1) $\begin{vmatrix} 1 & 2 \\ 3 & 4 \end{vmatrix}$ (2) $\begin{vmatrix} -7 & 8 & -8 \\ 11 & -5 & 6 \\ 3 & -4 & 5 \end{vmatrix}$ (3) $\begin{vmatrix} 1 & 1 & 1 & 1 \\ a & b & c & d \\ a^2 & b^2 & c^2 & d^2 \\ a^3 & b^3 & c^3 & d^3 \end{vmatrix}$

2 次の行列が正則行列とならないような λ を求めよ．

(1) $\begin{pmatrix} 3-\lambda & 1 \\ 2 & 4-\lambda \end{pmatrix}$ (2) $\begin{pmatrix} 1-\lambda & 1 & 2 \\ 0 & 2-\lambda & 2 \\ -1 & 1 & 3-\lambda \end{pmatrix}$

3 2つの n 次正方行列 A, B に対して，次を示せ．

$$|AB| = |A||B|$$

4 n 次正方行列 $A = (a_{ij})$ において，$a_{ij} = 0\ (i > j)$ ならば $\det A = \mathrm{d}A$ となることを示せ．

第7章

固有値・固有空間

この章では線形変換とその表現行列について，いくつかの性質を述べる．第5章の例題5.4.5で，ある基底変換をすることにより，その表現行列が**対角行列**という非常に単純な形の行列に変形されることを示した．行列はいつもこのような単純な形に変形出来るわけではないが，単純な形に変形するための条件とその方法を考察する．

7.1 固有値・固有空間

定義 7.1.1 ベクトル空間 $\mathbb{V} = \mathbb{R}^n$ 上の線形変換 $T : \mathbb{V} \to \mathbb{V}$ に対して，次の条件を満たす実数 λ を T の**固有値**という(注．

$$\boldsymbol{v} \neq \boldsymbol{0} \quad \text{が存在して} \quad T(\boldsymbol{v}) = \lambda \boldsymbol{v}$$

また，ベクトル $\boldsymbol{v}$ を**固有値** λ に対する**固有ベクトル**という． ◆◆◆

例題 7.1.2 次の線形変換 $T : \mathbb{R}^2 \to \mathbb{R}^2$ の固有値を求めよ．

$$\boldsymbol{x} = \begin{pmatrix} x_1 \\ x_2 \end{pmatrix} \in \mathbb{R}^2 \text{のとき，} \quad T(\boldsymbol{x}) = \begin{pmatrix} 8 & 7 \\ -4 & -3 \end{pmatrix} \begin{pmatrix} x_1 \\ x_2 \end{pmatrix}$$

解答 固有値を λ とすると，

$$T(\boldsymbol{x}) = \lambda \boldsymbol{x} \iff \begin{pmatrix} 8 & 7 \\ -4 & -3 \end{pmatrix} \begin{pmatrix} x_1 \\ x_2 \end{pmatrix} = \lambda \begin{pmatrix} x_1 \\ x_2 \end{pmatrix} = \lambda \begin{pmatrix} 1 & 0 \\ 0 & 1 \end{pmatrix} \begin{pmatrix} x_1 \\ x_2 \end{pmatrix}$$

(注 固有値は複素数となる場合もあるが，この本では扱わないので，実数と定義している．

$$\iff \begin{pmatrix} 8-\lambda & 7 \\ -4 & -3-\lambda \end{pmatrix}\begin{pmatrix} x_1 \\ x_2 \end{pmatrix} = \begin{pmatrix} 0 \\ 0 \end{pmatrix}$$

となる．これは，同次連立1次方程式であり，この方程式が，零ベクトルでない解をもつとき，λ は固有値となる．命題3.5.3と定理3.6.2より，この条件は

$$\begin{vmatrix} 8-\lambda & 7 \\ -4 & -3-\lambda \end{vmatrix} = 0 \iff \lambda^2 - 5\lambda + 4 = (\lambda-1)(\lambda-4) = 0$$

となる．このとき，固有値は2つあり，$\lambda = 1, 4$ である．

次にこれら固有値に対する，固有ベクトルを求めよう．

(1) $\lambda = 1$ のとき，

$$\begin{pmatrix} 7 & 7 \\ -4 & -4 \end{pmatrix}\begin{pmatrix} x_1 \\ x_2 \end{pmatrix} = \begin{pmatrix} 0 \\ 0 \end{pmatrix}$$

を解いて，

$$\begin{pmatrix} x_1 \\ x_2 \end{pmatrix} = c\begin{pmatrix} -1 \\ 1 \end{pmatrix}$$

(2) $\lambda = 4$ のとき，

$$\begin{pmatrix} 4 & 7 \\ -4 & -7 \end{pmatrix}\begin{pmatrix} x_1 \\ x_2 \end{pmatrix} = \begin{pmatrix} 0 \\ 0 \end{pmatrix}$$

を解いて，

$$\begin{pmatrix} x_1 \\ x_2 \end{pmatrix} = c\begin{pmatrix} -\frac{7}{4} \\ 1 \end{pmatrix}$$

である．

この例題のように，$c \neq 0$ となる全ての実数に対して得られるベクトルは全て固有ベクトルとなる． □

定義 7.1.3 ベクトル空間 $\mathbf{V} = \mathbf{R^n}$ の線形変換 $T : \mathbb{V} \to \mathbb{V}$ の固有値 λ に対し，その固有ベクトルの全体に，零ベクトルを加えた集合を，固有値 λ の**固有ベクトル空間**といい，$W(\lambda; T)$ で表す．すなわち，

$$W(\lambda; T) = \{\boldsymbol{v} \in \mathbb{V} \mid T(\boldsymbol{v}) = \lambda\boldsymbol{v}\}$$

◆◆◆

例 7.1.4 前の例題7.1.2においては，

$$W(1; T) = \left\{ c\begin{pmatrix} -1 \\ 1 \end{pmatrix} \middle| c \in \mathbb{R} \right\}, \quad W(4; T) = \left\{ c\begin{pmatrix} -\frac{7}{4} \\ 1 \end{pmatrix} \middle| c \in \mathbb{R} \right\}$$

である．

◆◆◆

$\mathbb{R}^n$ の線形変換の固有値，固有ベクトル空間の求め方は，上記の例題 7.1.2 と同じ方法を用いればよい．$n \times n$ 行列で与えられる線形変換 $T_A : \mathbb{R}^n \to \mathbb{R}^n$ に対し，λ に関する方程式

$$\det(A - \lambda E) = 0$$

の解を求めることにより，固有値が得られる．多項式 $\det(A - \lambda E)$ を行列 A の**固有多項式**と呼ぶ．また各固有値に対して，同次連立 1 次方程式

$$(A - \lambda E)\boldsymbol{x} = \boldsymbol{0}$$

を解くことにより，固有ベクトル空間が求まる．

では，一般的な線形変換に対する固有値，固有ベクトル空間はどのように求めたらよいだろうか．この場合は，基底を定めることにより，線形変換は $\mathbb{R}^n$ の線形変換で表されるので，固有値，固有ベクトル空間の求め方は，$\mathbb{R}^n$ の線形変換の場合に帰着される．

n 次元ベクトル空間 $\mathbf{V} = \mathbf{R^n}$ の線形変換を $T : \mathbb{V} \to \mathbb{V}$ とする．ここでベクトル空間 $\mathbb{V}$ に基底を定め，その基底を $\{\boldsymbol{v}_1, \boldsymbol{v}_2, \cdots, \boldsymbol{v}_n\}$ とする．この基底に関する T の表現行列を A，$\boldsymbol{v} \in \mathbb{V}$ の座標を $\boldsymbol{x} \in \mathbb{R}^n$ とすると

$$T(\boldsymbol{v}) = \lambda \boldsymbol{v} \quad \Longleftrightarrow \quad A\boldsymbol{x} = \lambda \boldsymbol{x}$$

が成立する．従って T の固有値はこの行列 A の固有多項式により求まる．表現行列 A の固有多項式を，線形変換 $T : \mathbb{V} \to \mathbb{V}$ の固有多項式と呼ぶ．

7.2 行列の対角化

固有値，固有ベクトルは，線形変換の表現行列の簡単化に重要な役割を果たす．

線形変換 $T : \mathbb{V} \to \mathbb{V}$ の固有値，固有ベクトル空間に対して次の定理が成立する．

定理 7.2.1　線形変換 $T : \mathbf{V} \to \mathbf{V}$ の相異なる固有値 $\lambda_1, \lambda_2, \cdots, \lambda_r$ に対し，$W(\lambda_i; T)$ の基底 $\{\boldsymbol{v}_{i1}, \boldsymbol{v}_{i2}, \cdots, \boldsymbol{v}_{il_i}\}$ の和集合

$$\{\boldsymbol{v}_{11}, \boldsymbol{v}_{12}, \cdots, \boldsymbol{v}_{1l_1}, \boldsymbol{v}_{21}, \boldsymbol{v}_{22}, \cdots, \boldsymbol{v}_{2l_2}, \cdots, \boldsymbol{v}_{r1}, \boldsymbol{v}_{r2}, \cdots, \boldsymbol{v}_{rl_r}\}$$

は 1 次独立である．

証明 各固有ベクトル空間から任意にベクトル $\boldsymbol{v}_1, \boldsymbol{v}_2, \cdots, \boldsymbol{v}_r$ を選ぶ．このとき次のことを示す．

$$\sum_{i=1}^{r} \boldsymbol{v}_i = \boldsymbol{0} \quad \Rightarrow \quad \boldsymbol{v}_i = \boldsymbol{0} \ \ (i = 1, 2, \cdots, r)$$

いま，

$$(*) \quad \sum_{i=1}^{r} \boldsymbol{v}_i = \boldsymbol{0}$$

とする．T の線形性と各ベクトルが固有ベクトルであることから

$$T\left(\sum_{i=1}^{r} \boldsymbol{v}_i\right) = \sum_{i=1}^{r} T(\boldsymbol{v}_i) = \sum_{i=1}^{r} \lambda_i \boldsymbol{v}_i = \boldsymbol{0}$$

である．つまり

$$\sum_{i=1}^{r} \lambda_i \boldsymbol{v}_i = \boldsymbol{0}$$

を得る．この式に $(*) \times (-\lambda_1)$ を加えると，

$$(**) \quad \sum_{i=2}^{r} (\lambda_i - \lambda_1) \boldsymbol{v}_i = \boldsymbol{0}$$

これより，

$$T\left(\sum_{i=2}^{r} (\lambda_i - \lambda_1) \boldsymbol{v}_i\right) = \sum_{i=2}^{r} (\lambda_i - \lambda_1) T(\boldsymbol{v}_i) = \sum_{i=2}^{r} (\lambda_i - \lambda_1) \lambda_i \boldsymbol{v}_i$$
$$= T(\boldsymbol{0}) = \boldsymbol{0}$$

となり

$$\sum_{i=2}^{r} (\lambda_i - \lambda_1) \lambda_i \boldsymbol{v}_i = \boldsymbol{0}$$

を得る．この式に，$(**) \times (-\lambda_2)$ を加えると，

$$\sum_{i=3}^{r} (\lambda_i - \lambda_1)(\lambda_i - \lambda_2) \boldsymbol{v}_i = \boldsymbol{0}$$

を得る．同様の手順を繰り返すことにより，

$$(\lambda_r - \lambda_1)(\lambda_r - \lambda_2) \cdots (\lambda_r - \lambda_{r-1}) \boldsymbol{v}_r = \boldsymbol{0}$$

となる．固有値はすべて異なる値なので，これは $\boldsymbol{v}_r = \boldsymbol{0}$ となる．同様に，$\boldsymbol{v}_i = \boldsymbol{0}$ $(i = 1, 2, \cdots, r)$ である．

ここで，固有ベクトル $\boldsymbol{v}_{11}, \boldsymbol{v}_{12}, \cdots, \boldsymbol{v}_{1l_1}, \cdots, \boldsymbol{v}_{rl_1}, \boldsymbol{v}_{rl_2}, \cdots, \boldsymbol{v}_{rl_r}$ から作られる連立1次方程式

$$\sum_{i=1}^{r} \sum_{j=1}^{l_1} x_{ij} \boldsymbol{v}_{ij} = \boldsymbol{0}$$

を考えよう．このとき，各 i について

$$\sum_{j=1}^{l_1} x_{ij}\boldsymbol{v}_{ij}$$

は，固有ベクトル空間 $W(\lambda_i;T)$ の元であるので，先程の議論により

$$\sum_{j=1}^{l_1} x_{ij}\boldsymbol{v}_{ij} = \boldsymbol{0}$$

となる．$\boldsymbol{v}_{i1}, \boldsymbol{v}_{i2}, \cdots, \boldsymbol{v}_{il_i}$ は固有ベクトル空間 $W(\lambda_i;T)$ の基底なので，1 次独立であるから，

$$x_{i1} = x_{i2} = \cdots = x_{il_i} = 0 \quad (i = 1, 2, \cdots, r)$$

である．ゆえに $\boldsymbol{v}_{11}, \boldsymbol{v}_{12}, \cdots, \boldsymbol{v}_{1l_1}, \cdots, \boldsymbol{v}_{rl_1}, \boldsymbol{v}_{rl_2}, \cdots, \boldsymbol{v}_{rl_r}$ は 1 次独立である． □

この定理 7.2.1 において，各固有ベクトル空間は，ベクトル空間 $\mathbb{V}$ の部分空間なので

$$\dim \mathbb{V} \geq \dim W(\lambda_1;T) + \dim W(\lambda_2;T) + \cdots + \dim W(\lambda_r;T)$$

である．等式が成立するとき次の定理が成立する．

定理 7.2.2 線形変換 $T : \mathbb{V} \to \mathbb{V}$ の異なる固有値 $\lambda_1, \lambda_2, \cdots, \lambda_r$ に対し

$$\dim \mathbb{V} = \dim W(\lambda_1;T) + \dim W(\lambda_2;T) + \cdots + \dim W(\lambda_r;T)$$

が成立するとする．このとき $W(\lambda_i;T)$ の基底の和集合は $\mathbb{V}$ の基底になり，この基底に関する T の表現行列は固有値が対角線上に並んだ対角行列

$$\begin{pmatrix} \lambda_1 & 0 & \cdots & \cdots & \cdots & \cdots & 0 \\ 0 & \lambda_2 & \ddots & & & & \vdots \\ \vdots & \ddots & \ddots & \ddots & & & \vdots \\ \vdots & & \ddots & \ddots & \ddots & & \vdots \\ \vdots & & & \ddots & \ddots & \ddots & \vdots \\ \vdots & & & & \ddots & \ddots & 0 \\ 0 & \cdots & \cdots & \cdots & \cdots & 0 & \lambda_r \end{pmatrix}$$

になる．

この定理 7.2.2 の証明は，線形変換の表現行列がどのように作られるかを確かめればよいので，問として残しておく．

問 7.2.3 定理 7.2.2 を示せ．

この定理 7.2.2 を行列の立場から見てみよう．まず次の定義をする．

定義 7.2.4 n 次正方行列 A に対して，正則行列 P が存在して $P^{-1}AP$ が対角行列になるとき，A は**対角化可能**であるといい，対角化可能な行列 A に対し，$B = P^{-1}AP$ が対角行列となる正則行列 P と対角行列 B を求めることを A の**対角化**という． ◆◆◆

n 次正方行列 A により定義される $\mathbb{R}^n$ の線形変換 $T_A : \mathbb{R}^n \to \mathbb{R}^n$ に対して，次の定理が得られる．

定理 7.2.5 次の 2 つは同値である．

(1) n 次正方行列 A は，対角化可能である．

(2) $\dim W(\lambda_1; T_A) + \dim W(\lambda_2; T_A) + \cdots + \dim W(\lambda_r; T_A) = n$

証明 (1) $\Rightarrow$ (2) を示す．n 次正方行列 A が対角化可能なので，ある正則行列 $P = (\boldsymbol{p}_1\ \boldsymbol{p}_2\ \cdots\ \boldsymbol{p}_n)$ と対角行列

$$B = \begin{pmatrix} \mu_1 & 0 & \cdots & \cdots & \cdots & \cdots & 0 \\ 0 & \mu_2 & \ddots & & & & \vdots \\ \vdots & \ddots & \ddots & \ddots & & & \vdots \\ \vdots & & \ddots & \ddots & \ddots & & \vdots \\ \vdots & & & \ddots & \ddots & \ddots & \vdots \\ \vdots & & & & \ddots & \ddots & 0 \\ 0 & \cdots & \cdots & \cdots & \cdots & 0 & \mu_r \end{pmatrix}$$

が存在して，

$$B = P^{-1}AP \iff PB = AP$$

である．この式は，各列ベクトル $\boldsymbol{p}_i$ に対して，

$$A\boldsymbol{p}_i = \mu_i \boldsymbol{p}_i$$

であることを意味する．

行列 A によって定義される線形変換 $T_A : \mathbb{R}^n \to \mathbb{R}^n$ とすると

$$T_A(\boldsymbol{p}_i) = A\boldsymbol{p}_i = \mu_i \boldsymbol{p}_i$$

である．つまり $\boldsymbol{p}_i$ は，固有値 μ_i の固有ベクトルである．

従って，n 個のベクトル $\boldsymbol{p}_1, \boldsymbol{p}_2, \cdots, \boldsymbol{p}_n$ は，r 個の固有ベクトル空間

$$W(\lambda_1; T_A), W(\lambda_2; T_A), \cdots, W(\lambda_r; T_A)$$

のどれかに属すことになる．また行列 P が正則行列なので，$\boldsymbol{p}_1, \boldsymbol{p}_2, \cdots, \boldsymbol{p}_n$ は 1 次独立であることより，

$$\dim W(\lambda_1; T_A) + \dim W(\lambda_2; T_A) + \cdots + \dim W(\lambda_r; T_A) = n$$

となる．

(2) ⇒ (1) を示す．定理 7.2.2 より，線形写像 $T_A : \mathbb{R}^n \to \mathbb{R}^n$ の各固有ベクトル空間

$$W(\lambda_1; T_A), W(\lambda_2; T_A), \cdots, W(\lambda_r; T_A)$$

の基底の和集合は，$\mathbb{R}^n$ の基底になり，この基底に関する T_A の行列表現は対角行列

$$B = \begin{pmatrix} \lambda_1 & 0 & \dots & \dots & \dots & \dots & 0 \\ 0 & \lambda_2 & \ddots & & & & \vdots \\ \vdots & \ddots & \ddots & \ddots & & & \vdots \\ \vdots & & \ddots & \ddots & \ddots & & \vdots \\ \vdots & & & \ddots & \ddots & \ddots & \vdots \\ \vdots & & & & \ddots & \ddots & 0 \\ 0 & \dots & \dots & \dots & \dots & 0 & \lambda_r \end{pmatrix}$$

である．いま $\mathbb{R}^n$ の標準基底からこの基底への基底変換の行列を P とすると，第 5 章の定理 5.4.4 から

$$B = P^{-1}AP$$

となる．□

例題 7.2.6 次の行列 A を対角化せよ．

$$A = \begin{pmatrix} 8 & 7 \\ -4 & -3 \end{pmatrix}$$

解答 例題 7.1.2 より，固有値は $1, 4$ で，

$$\text{固有値 } 1 \text{ に対する固有ベクトルとして，} \boldsymbol{p}_1 = \begin{pmatrix} -1 \\ 1 \end{pmatrix}$$

$$\text{固有値 } 4 \text{ に対する固有ベクトルとして，} \boldsymbol{p}_2 = \begin{pmatrix} -\frac{7}{4} \\ 1 \end{pmatrix}$$

を選んでおく．このとき $\{\boldsymbol{p}_1, \boldsymbol{p}_2\}$ は，$\mathbb{R}^2$ の基底となり，標準基底からこの基底への基底変換の行列 P は

$$P = \begin{pmatrix} -1 & -\frac{7}{4} \\ 1 & 1 \end{pmatrix}$$

で与えられる．この行列を用いて $P^{-1}AP$ を計算すると

$$P^{-1}AP = \begin{pmatrix} 1 & 0 \\ 0 & 4 \end{pmatrix}$$

となる． □

7.3 補足・発展 ——実対称行列の対角化——

正方行列のすべての成分が実数であっても，行列の固有値は一般には複素数になる．しかしながら，すべての固有値が必ず実数になる行列も存在する．対角成分で折り返した位置にある成分が等しくなるような正方行列を対称行列と呼び，成分が実数である対称行列の固有値はすべて実数になる．このとき，行列の対角化は実数の範囲で実行でき，特に直交行列と呼ばれる行列で対角化できることを紹介する（ただし証明では，複素数を成分にもつベクトルも補助的に用いる）．

定義 7.3.1 $m \times n$ 行列 $A = \begin{pmatrix} a_{11} & \cdots & a_{1n} \\ \vdots & \vdots & \vdots \\ a_{m1} & \cdots & a_{mn} \end{pmatrix}$ の転置行列 ${}^tA$ を行と列を入れ替えて得られる $n \times m$ 行列 ${}^tA = \begin{pmatrix} a_{11} & \cdots & a_{m1} \\ \vdots & \ldots & \vdots \\ a_{1n} & \cdots & a_{mn} \end{pmatrix}$ と定める． ◆◆◆

注意 定め方より ${}^t({}^tA) = A$ が成り立つ．

定義 7.3.2 正方行列 A が

$${}^tA = A$$

を満たすとき，A を**対称行列**と呼ぶ．特に，すべての成分が実数である対称行列を**実対称行列**という． ◆◆◆

実対称行列を対角化する直交行列を導入しよう．

定義 7.3.3 n 次正方行列 P が

$${}^tPP = E$$

を満たすとき，P を $\boldsymbol{n}$ **次直交行列**と呼ぶ． 

n 次直交行列の条件は各列ベクトルが $\mathbf{R^n}$ の正規直交基底を定めることを表している．実際に $\mathbf{R^n}$ の正規直交基底 $\{\boldsymbol{p}_1, \cdots, \boldsymbol{p}_n\}$ が定める行列 $P = (\boldsymbol{p}_1 \ \cdots \ \boldsymbol{p}_n)$ は

$${}^tPP = \begin{pmatrix} \langle \boldsymbol{p}_1, \boldsymbol{p}_1 \rangle & \cdots & \langle \boldsymbol{p}_1, \boldsymbol{p}_n \rangle \\ \vdots & \vdots & \vdots \\ \langle \boldsymbol{p}_n, \boldsymbol{p}_1 \rangle & \cdots & \langle \boldsymbol{p}_n, \boldsymbol{p}_n \rangle \end{pmatrix} = E$$

を満たし，直交行列になる．また，直交行列 P に対して ${}^tP = P^{-1}$ が成り立つ．これは ${}^tPP = E$ と定理 3.6.2 より $P = ({}^tP)^{-1}$ を得て，

$$P\,{}^tP = ({}^tP)^{-1}\,{}^tP = E$$

も成り立つからである．直交行列を定める同値な条件を整理すると以下のようになる．

命題 7.3.4 n 次正方行列 P について，以下の条件は同値である．

(1) ${}^tPP = E$

(2) P は正則行列であり，${}^tP = A^{-1}$ が成り立つ．

(3) $P = (\boldsymbol{p}_1 \ \ldots \ \boldsymbol{p}_n)$ と列ベクトル表示するとき，列ベクトルの組 $\{\boldsymbol{p}_1, \cdots, \boldsymbol{p}_n\}$ は $\mathbf{R^n}$ の正規直交基底になる．

行列の転置と積の基本性質も紹介しておこう．

命題 7.3.5　行列 A, B の積 AB の転置行列 ${}^t(AB)$ は ${}^t(AB) = {}^tB\,{}^tA$ を満たす．

証明

$$
\begin{aligned}
{}^t(AB) &= {}^t\left(\begin{pmatrix} a_{11} & \cdots & a_{1k} \\ \vdots & \vdots & \vdots \\ a_{m1} & \cdots & a_{mk} \end{pmatrix}\begin{pmatrix} b_{11} & \cdots & b_{1n} \\ \vdots & \cdots & \vdots \\ b_{k1} & \cdots & b_{kn} \end{pmatrix}\right) \\
&= {}^t\begin{pmatrix} a_{11}b_{11} + \cdots + a_{1k}b_{k1} & \cdots & a_{11}b_{1n} + \cdots + a_{1k}b_{kn} \\ \vdots & \vdots & \vdots \\ a_{m1}b_{11} + \cdots + a_{mk}b_{k1} & \cdots & a_{m1}b_{1n} + \cdots + a_{mk}b_{kn} \end{pmatrix} \\
&= \begin{pmatrix} a_{11}b_{11} + \cdots + a_{1k}b_{k1} & \cdots & a_{m1}b_{11} + \cdots + a_{mk}b_{k1} \\ \vdots & \cdots & \vdots \\ a_{11}b_{1n} + \cdots + a_{1k}b_{kn} & \cdots & a_{m1}b_{1n} + \cdots + a_{mk}b_{kn} \end{pmatrix} \\
&= \begin{pmatrix} b_{11} & \cdots & b_{k1} \\ \vdots & \vdots & \vdots \\ b_{1n} & \cdots & b_{kn} \end{pmatrix}\begin{pmatrix} a_{11} & \cdots & a_{m1} \\ \vdots & \cdots & \vdots \\ a_{1k} & \cdots & a_{mk} \end{pmatrix} \\
&= {}^tB\,{}^tA
\end{aligned}
$$

□

命題 7.3.5 より，n 次直交行列 P, Q の積 PQ に対して

$$
{}^t(PQ)(PQ) = {}^tQ({}^tPP)Q = {}^tQQ = E
$$

が成り立つので，次の命題を得る．

命題 7.3.6　n 次直交行列 P, Q の積 PQ も直交行列になる．

n 次実対称行列の対角化に関して，まずは固有値の性質から紹介しよう．

命題 7.3.7　n 次実対称行列 A のすべての固有値 α は実数である．すなわち，$\alpha = \overline{\alpha}$ を満たす．ここで $\overline{\alpha}$ は α の複素共役を表す．

証明 固有値 α の固有ベクトルを $\boldsymbol{x} = \begin{pmatrix} x_1 \\ \vdots \\ x_n \end{pmatrix}$ とおく．すなわち，ベクトル $\boldsymbol{x}$ は $A\boldsymbol{x} = \alpha\boldsymbol{x}$ と $x_1\overline{x}_1 + \cdots + x_n\overline{x}_n \neq 0$ を満たす．ベクトル $\alpha\boldsymbol{x}$ の各成分の複素共役が定めるベクトルは

$$\begin{pmatrix} \overline{\alpha x_1} \\ \vdots \\ \overline{\alpha x_n} \end{pmatrix} = \begin{pmatrix} \overline{\alpha}\,\overline{x}_1 \\ \vdots \\ \overline{\alpha}\,\overline{x}_n \end{pmatrix} = \overline{\alpha} \begin{pmatrix} \overline{x}_1 \\ \vdots \\ \overline{x}_n \end{pmatrix}$$

となる（最後のベクトルを $\overline{\alpha}\,\overline{\boldsymbol{x}}$ とおく）．また行列の積 $A\boldsymbol{x}$ の各成分の複素共役が定めるベクトルは，A の成分はすべて実数のため $A\overline{\boldsymbol{x}}$ とみなせる．これは，ベクトル $A\boldsymbol{x}$ の第 i 成分の複素共役が

$$\overline{a_{i1}x_1 + \cdots + a_{in}x_n} = \overline{a}_{i1}\overline{x}_1 + \cdots + \overline{a}_{i1}\overline{x}_1 = a_{i1}\overline{x}_1 + \cdots + a_{in}\overline{x}_n$$

となるからである．したがって，$A\overline{\boldsymbol{x}} = \overline{\alpha}\,\overline{\boldsymbol{x}}$ を得る．ベクトル $\alpha\boldsymbol{x}$ と $\overline{\boldsymbol{x}}$ から定まる値

$$(\alpha x_1)\overline{x}_1 + \cdots + (\alpha x_n)\overline{x}_n = {}^t(\alpha\boldsymbol{x})\overline{\boldsymbol{x}}$$

を考えると，命題 7.3.5 より

$$\begin{aligned} {}^t(\alpha\boldsymbol{x})\overline{\boldsymbol{x}} &= {}^t(A\boldsymbol{x})\overline{\boldsymbol{x}} \\ &= {}^t\boldsymbol{x}\ {}^tA\overline{\boldsymbol{x}} \\ &= {}^t\boldsymbol{x}\,A\overline{\boldsymbol{x}} \qquad (\because\ {}^tA = A) \\ &= {}^t\boldsymbol{x}(\overline{\alpha}\,\overline{\boldsymbol{x}}) \qquad (\because\ A\overline{\boldsymbol{x}} = \overline{\alpha}\,\overline{\boldsymbol{x}}) \\ &= \overline{\alpha}x_1\overline{x}_1 + \cdots + \overline{\alpha}x_n\overline{x}_n \end{aligned}$$

が成り立ち，

$$(\alpha - \overline{\alpha})(x_1\overline{x}_1 + \cdots + x_n\overline{x}_n) = 0$$

を得る．$x_1\overline{x}_1 + \cdots + x_n\overline{x}_n \neq 0$ より，固有値 α は $\alpha = \overline{\alpha}$ を満たす． □

定理 7.3.8 n 次実対称行列 A は直交行列によって対角化可能である．すなわち，$P^{-1}AP = {}^tPAP$ が対角行列になるような直交行列 P が存在する．

証明 n に関する帰納法で示す．$n = 1$ のときはすでに対角行列になっている．$(n-1)$ 次実対称行列まで成立すると仮定して，n 次実対称行列 A も直交行列で対角化できることを示す．実対称行列 A の固有値 α に関する固有ベクトルを $\boldsymbol{x}$ とおく．$\mathbf{R^n}$ の基底

$\{\boldsymbol{v}_1, \cdots, \boldsymbol{v}_n\}$ で $\boldsymbol{v}_1 = \boldsymbol{x}$ を満たすものを選び，シュミットの直交化により得られる正規直交基底を $\{\boldsymbol{p}_1, \cdots, \boldsymbol{p}_n\}$ とおく．直交化の手順より $\boldsymbol{p}_1$ は $\boldsymbol{p}_1 = \dfrac{1}{\|\boldsymbol{x}\|}\boldsymbol{x}$ を満たすので，行列 A の固有値 α に関する固有ベクトルになっている．正規直交基底 $\{\boldsymbol{p}_1, \cdots, \boldsymbol{p}_n\}$ が定める行列 $P = (\boldsymbol{p}_1 \ \cdots \ \boldsymbol{p}_n)$ と A の積 ${}^tPAP$ を求めると

$$\begin{aligned}
{}^tPAP &= {}^tP(A\boldsymbol{p}_1 \quad A\boldsymbol{p}_2 \quad \cdots \quad A\boldsymbol{p}_n) \\
&= {}^tP(\alpha\boldsymbol{p}_1 \quad A\boldsymbol{p}_2 \quad \cdots \quad A\boldsymbol{p}_n) \\
&= (\alpha\,{}^tP\boldsymbol{p}_1 \quad {}^tPA\boldsymbol{p}_2 \quad \cdots \quad {}^tPA\boldsymbol{p}_n) \\
&= \begin{pmatrix} \alpha & * & \cdots & * \\ 0 & * & \cdots & * \\ \vdots & \vdots & \vdots & \vdots \\ 0 & * & \cdots & * \end{pmatrix} \quad \left(\because \quad {}^tP\boldsymbol{p}_1 = \begin{pmatrix} \langle \boldsymbol{p}_1, \boldsymbol{p}_1 \rangle \\ \langle \boldsymbol{p}_2, \boldsymbol{p}_1 \rangle \\ \vdots \\ \langle \boldsymbol{p}_n, \boldsymbol{p}_1 \rangle \end{pmatrix} = \begin{pmatrix} 1 \\ 0 \\ \vdots \\ 0 \end{pmatrix} \right)
\end{aligned}$$

となる．両辺の転置行列をとると，A は対称行列より，左辺は

$${}^t({}^tPAP) = {}^tP\ {}^tA\ {}^t({}^tP) = {}^tPAP$$

を満たすので，${}^tPAP = \begin{pmatrix} \alpha & 0 & \cdots & 0 \\ * & * & \cdots & * \\ \vdots & \vdots & & \vdots \\ \vdots & \vdots & \cdots & \vdots \\ * & * & \cdots & * \end{pmatrix}$ も成り立つ．すなわち，行列 ${}^tPAP$ も対称行列であり

$${}^tPAP = \begin{pmatrix} \alpha & 0 & \cdots & 0 \\ 0 & * & \cdots & * \\ \vdots & \vdots & \cdots & \vdots \\ 0 & * & \cdots & * \end{pmatrix} \quad \cdots \quad (*)$$

が成り立つ．右辺の $\begin{matrix} * & \cdots & * \\ \vdots & \cdots & \vdots \\ * & \cdots & * \end{matrix}$ の部分を行列 B とおくと B は $(n-1)$ 次実対称行列になるので，帰納法の仮定より直交行列 Q で対角化可能である．

$(*)$ の両辺における $\begin{pmatrix} 1 & 0 \cdots 0 \\ 0 & \\ \vdots & Q \\ 0 & \end{pmatrix}$ およびその転置行列 ${}^t\begin{pmatrix} 1 & 0 \cdots 0 \\ 0 & \\ \vdots & Q \\ 0 & \end{pmatrix}$ との積

$${}^t\begin{pmatrix} 1 & 0 \cdots 0 \\ 0 & \\ \vdots & Q \\ 0 & \end{pmatrix} {}^tPAP \begin{pmatrix} 1 & 0 \cdots 0 \\ 0 & \\ \vdots & Q \\ 0 & \end{pmatrix} = {}^t\begin{pmatrix} 1 & 0 \cdots 0 \\ 0 & \\ \vdots & Q \\ 0 & \end{pmatrix} \begin{pmatrix} \alpha & 0 \cdots 0 \\ 0 & \\ \vdots & B \\ 0 & \end{pmatrix} \begin{pmatrix} 1 & 0 \cdots 0 \\ 0 & \\ \vdots & Q \\ 0 & \end{pmatrix}$$

が n 次実対称行列 A の直交行列による対角化になることを確認しよう.

左辺は

$$ {}^t\begin{pmatrix} 1 & 0 \cdots 0 \\ 0 & \\ \vdots & Q \\ 0 & \end{pmatrix} {}^tPAP \begin{pmatrix} 1 & 0 \cdots 0 \\ 0 & \\ \vdots & Q \\ 0 & \end{pmatrix} = {}^t\left(P\begin{pmatrix} 1 & 0 \cdots 0 \\ 0 & \\ \vdots & Q \\ 0 & \end{pmatrix}\right) A \left(P\begin{pmatrix} 1 & 0 \cdots 0 \\ 0 & \\ \vdots & Q \\ 0 & \end{pmatrix}\right) $$

とみなせて,行列の積 $P\begin{pmatrix} 1 & 0 \cdots 0 \\ 0 & \\ \vdots & Q \\ 0 & \end{pmatrix}$ は,行列 $\begin{pmatrix} 1 & 0 \cdots 0 \\ 0 & \\ \vdots & Q \\ 0 & \end{pmatrix}$ が

$$ {}^t\begin{pmatrix} 1 & 0 \cdots 0 \\ 0 & \\ \vdots & Q \\ 0 & \end{pmatrix} \begin{pmatrix} 1 & 0 \cdots 0 \\ 0 & \\ \vdots & Q \\ 0 & \end{pmatrix} = \begin{pmatrix} 1 & 0 \cdots 0 \\ 0 & \\ \vdots & {}^tQ \\ 0 & \end{pmatrix} \begin{pmatrix} 1 & 0 \cdots 0 \\ 0 & \\ \vdots & Q \\ 0 & \end{pmatrix} = \begin{pmatrix} 1 & 0 \cdots 0 \\ 0 & \\ \vdots & {}^tQQ \\ 0 & \end{pmatrix} = E $$

を満たす直交行列であるため,命題 7.3.6 からやはり直交行列になる.

右辺の行列の積は,帰納法の仮定より行列 ${}^tQBQ$ が対角行列になるため

$$ \begin{pmatrix} 1 & 0 \cdots 0 \\ 0 & \\ \vdots & {}^tQ \\ 0 & \end{pmatrix} \begin{pmatrix} \alpha & 0 \cdots 0 \\ 0 & \\ \vdots & B \\ 0 & \end{pmatrix} \begin{pmatrix} 1 & 0 \cdots 0 \\ 0 & \\ \vdots & Q \\ 0 & \end{pmatrix} = \begin{pmatrix} \alpha & 0 \cdots 0 \\ 0 & \\ \vdots & {}^tQBQ \\ 0 & \end{pmatrix} = \begin{pmatrix} \alpha & 0 & \cdots & 0 \\ 0 & * & & \\ \vdots & & \ddots & \\ 0 & & & * \end{pmatrix} $$

とやはり対角行列になる.

したがって,n 次実対称行列 A の場合も直交行列 $P\begin{pmatrix} 1 & 0 \cdots 0 \\ 0 & \\ \vdots & Q \\ 0 & \end{pmatrix}$ で対角化することができた.帰納法より,すべての実対称行列は直交行列で対角化可能である. □

n 次実対称行列 A を対角化する直交行列 P は,$\mathbf{R^n}$ の基底を定める行列 A の固有ベクトル $\boldsymbol{v}_1, \cdots, \boldsymbol{v}_n$ からシュミットの直交化法によって得られるベクトル $\boldsymbol{p}_1, \cdots, \boldsymbol{p}_n$ を $P = (\boldsymbol{p}_1 \ \cdots \ \boldsymbol{p}_n)$ とおいて得られる.ここでシュミットの直交化法は各固有値の固有ベクトルの集まりごとに計算を行えばよいことが次の命題によって保証される.

命題 7.3.9　実対称行列 A の異なる固有値の固有ベクトルは直交する．

証明　異なる固有値 $\alpha,\ \alpha'$ に対する固有ベクトルを $\boldsymbol{v},\ \boldsymbol{v}'$ とおく．内積 $\langle \alpha\boldsymbol{v}, \boldsymbol{v}'\rangle$ は，$\langle \alpha\boldsymbol{v}, \boldsymbol{v}'\rangle = \alpha\langle \boldsymbol{v}, \boldsymbol{v}'\rangle$ と

$$\begin{aligned}\langle \alpha\boldsymbol{v}, \boldsymbol{v}'\rangle &= {}^t(\alpha\boldsymbol{v})\boldsymbol{v}' = {}^t(A\boldsymbol{v})\boldsymbol{v}' = {}^t\boldsymbol{v}\,{}^tA\boldsymbol{v}' \\ &= {}^t\boldsymbol{v}(A\boldsymbol{v}') = {}^t\boldsymbol{v}(\alpha'\boldsymbol{v}') = \alpha'\langle \boldsymbol{v}, \boldsymbol{v}'\rangle\end{aligned}$$

を満たし，$(\alpha-\alpha')\langle \boldsymbol{v}, \boldsymbol{v}'\rangle = 0$ を得る．$\alpha \neq \alpha'$ より，$\langle \boldsymbol{v}, \boldsymbol{v}'\rangle = 0$ である．□

実対称行列 $A = \begin{pmatrix} -1 & 2 & -2 \\ 2 & -1 & 2 \\ -2 & 2 & -1 \end{pmatrix}$ を対角化する直交行列 P を求めてみよう．行列 A の固有多項式 $\det(A-\lambda E)$ は行列式の展開公式より

$$\det(A-\lambda E) = (\lambda-1)^2(\lambda+5)$$

となる．固有値 λ は固有多項式が定める方程式 $\det(A-\lambda E)=0$ の解なので，$\lambda = 1, -5$ となる．

固有値 $\lambda = 1$ に対する固有空間 $W(1;T_A)$ を連立1次方程式 $(A-E)\boldsymbol{x} = \boldsymbol{0}$ を掃きだし法で解いて求めると（$x_2 = c_1,\ x_3 = c_2$ とおいて）

$$W(1;T_A) = \left\{ \boldsymbol{x} = \begin{pmatrix} x_1 \\ x_2 \\ x_3 \end{pmatrix} \middle|\ \boldsymbol{x} = c_1\boldsymbol{v}_1 + c_2\boldsymbol{v}_2,\ \boldsymbol{v}_1 = \begin{pmatrix} 1 \\ 1 \\ 0 \end{pmatrix}, \boldsymbol{v}_2 = \begin{pmatrix} -1 \\ 0 \\ 1 \end{pmatrix} \right\}$$

となり，固有ベクトル $\boldsymbol{v}_1$ と $\boldsymbol{v}_2$ は固有空間の基底を定める．

固有値 $\lambda = -5$ に対する固有空間 $W(-5;T_A)$ は（$x_3 = c_3$ とおいて）

$$W(-5;T_A) = \left\{ \boldsymbol{x} = \begin{pmatrix} x_1 \\ x_2 \\ x_3 \end{pmatrix} \middle|\ \boldsymbol{x} = c_3\boldsymbol{v}_3,\ \boldsymbol{v}_3 = \begin{pmatrix} 1 \\ -1 \\ 1 \end{pmatrix} \right\}$$

となり，固有ベクトル $\boldsymbol{v}_3$ は固有空間の基底を定める．固有空間 $W(1;T_A)$ と $W(-5;T_A)$ の基底 $\{\boldsymbol{v}_1, \boldsymbol{v}_2\}$ と $\{\boldsymbol{v}_3\}$ からシュミットの直交化で固有空間 $W(1;T_A)$ と $W(-5;T_A)$ の正規直交基底をそれぞれ求めると

$$\left\{ \boldsymbol{p}_1 = \begin{pmatrix} \frac{1}{\sqrt{2}} \\ \frac{1}{\sqrt{2}} \\ 0 \end{pmatrix}, \boldsymbol{p}_2 = \begin{pmatrix} -\frac{1}{\sqrt{6}} \\ \frac{1}{\sqrt{6}} \\ \frac{2}{\sqrt{6}} \end{pmatrix} \right\} \text{ と } \left\{ \boldsymbol{p}_3 = \begin{pmatrix} \frac{1}{\sqrt{3}} \\ -\frac{1}{\sqrt{3}} \\ \frac{1}{\sqrt{3}} \end{pmatrix} \right\}$$

を得る．

ベクトル $\boldsymbol{p}_1, \boldsymbol{p}_2, \boldsymbol{p}_3$ は $\mathbf{R^3}$ の正規直交基底を定めるので，行列 P を $P = (\boldsymbol{p}_1\ \boldsymbol{p}_2\ \boldsymbol{p}_3)$ とおくと求める直交行列を得る．すなわち

$$P^{-1}AP = {}^tPAP = \begin{pmatrix} 1 & 0 & 0 \\ 0 & 1 & 0 \\ 0 & 0 & -5 \end{pmatrix}$$

が成り立つ．

練　習　問　題

1　次の線形変換の固有値，固有ベクトル空間を求めよ．

(1)　$T : \mathbb{R}^2 \to \mathbb{R}^2, T(\boldsymbol{x}) = \begin{pmatrix} 7 & -3 \\ 10 & -4 \end{pmatrix} \begin{pmatrix} x_1 \\ x_2 \end{pmatrix}$

(2)　$T : \mathbb{R}^3 \to \mathbb{R}^3, T(\boldsymbol{x}) = \begin{pmatrix} 1 & 0 & 0 \\ 2 & 1 & -3 \\ 3 & -3 & 1 \end{pmatrix} \begin{pmatrix} x_1 \\ x_2 \\ x_3 \end{pmatrix}$

2　次の行列 A を対角化し，A^n を求めよ．

$$A = \begin{pmatrix} 2 & -2 & 10 \\ -1 & 2 & -3 \\ 0 & 0 & 1 \end{pmatrix}$$

3　λ が n 次正方行列 A の固有値であるとき，λ^n が行列 A^n の固有値であることを示せ．

4　n 次正方行列 A に対し，B が n 次正則行列 P により，$B = P^{-1}AP$ と表されるとき，A と B の固有値が等しいことを示せ．

付　録

集合と写像に関する説明をする．ここでは，あまり深入りせず，本書を読む上での必要最小限の説明にとどめる．

A.1 集　合

「もの」の集まりを**集合**といい，各「もの」をその集合の**元**（または**要素**）という．ここで「もの」とは，数や図形といった数学の対象はもちろんのこと，人や動物や植物といった，あらゆるものを意味する．もの a が集合 A の元であることを，a は A に属するといい，$a \in A$ で表し，もの a が集合 A の元ではないことを $a \notin A$ で表す．

いま，「ものの集まりを集合という」と説明したばかりだが，実は集合には次の重要な約束事がある．

集合 A に対し，

もの x は A の元か否かがハッキリしていること

元を含まない集合を**空集合**といい，$\emptyset$ で表すことにする．

2つの集合 A, B に対し，「$a \in A$ ならば $a \in B$」が成り立つとき，A は B に**含まれる**，または A は B の**部分集合**であるといい，$A \subset B$ と書く．任意の集合 A に対し，$\emptyset \subset A$ が成立する．また「$A \subset B$ かつ $B \subset A$」であるとき，A と B は**等しい**といい，$A = B$ と書く．

A.2 集合の表し方

集合はその表し方に，いくつかの作法がある．代表的なものを3つ紹介しよう．

1　集めたいものを呼ぶ呼び方がすでに手短に確立しているときは，それを使ってこういうものを元とする集合と直接書いてしまう．

例 A.2.1　(1)　自然数全体の集合．これは通常 $\mathbb{N}$ と表す．

(2)　整数全体の集合．これは通常 $\mathbb{Z}$ と表す．

(3)　有理数全体の集合．これは通常 $\mathbb{Q}$ と表す．

(4)　実数全体の集合．これは通常 $\mathbb{R}$ と表す．

2　カッコ $\{\quad\}$ を書いて，$\{\quad\}$ の中に元を列挙する．(注: $\{\quad\}$ 以外のカッコは使わない．)

例 A.2.2　(1)　$\{1, 2, 3\}$

(2)　$\mathbb{N}$ は $\{1, 2, 3, \cdots\}$ と表すことも出来る．

(3)　$\{a, b, c\}$

3　$\{\quad\}$ の中にどういうものを元としたいのかを文章で書いてしまう．例えば元としたいものを仮に記号 x で表すとして，まず x と書き，次に $|$ を書いてその後に x の条件を書く．

例 A.2.3　(1)　$\{x \mid x$ は 2 で割り切れる自然数$\}$ これは偶数全体の集合と同じである．もちろん，$\{x \mid x = 2y, y \in \mathbb{N}\}$，$\{2a \mid a \in \mathbb{N}\}$ と表すことも出来る．

(2)　よく使う集合として**区間**がある．$a, b \in \mathbb{R}$, $a < b$ とするとき，

開区間　$(a, b) = \{x \in \mathbb{R} \mid a < x < b\}$

閉区間　$[a, b] = \{x \in \mathbb{R} \mid a \leq x \leq b\}$

左半開区間　$(a, b] = \{x \in \mathbb{R} \mid a < x \leq b\}$

右半開区間　$[a, b) = \{x \in \mathbb{R} \mid a \leq x < b\}$

$\mathbb{R} = (-\infty, \infty)$ と表すこともある．(注: $\infty, -\infty$ は $\mathbb{R}$ の元ではない．)

A.3　集合の演算，直積

2 つの集合から 1 つの新しい集合を作る操作を説明しよう．

定義 A.3.1　A, B を集合とする．

集合 $\{x \mid x \in A$ または $x \in B\}$ を A と B の**和集合**といい，$A \cup B$ と書く．

集合 $\{x \mid x \in A$ かつ $x \in B\}$ を A と B の**共通集合**といい，$A \cap B$ と書く．

集合 $\{x \mid x \in A$ かつ $x \notin B\}$ を A から B を引いた**差集合**といい，$A - B$ と書く．

例 A.3.2　$A = \{2, 3, 4\}$, $B = \{1, 3\}$ とすると，

$$A \cap B = \{3\}, \quad A \cup B = \{1, 2, 3, 4\}, \quad A - B = \{2, 4\}$$

である．

次に2つの集合の元を用いて新しい元を定義しよう．

定義 A.3.3　集合 A の元 a と集合 B の元 b を並べて得られるもの

$$\begin{pmatrix} a \\ b \end{pmatrix}$$

を A と B の**順序対**という(注．A と B の全ての順序対の集合

$$\left\{ \begin{pmatrix} a \\ b \end{pmatrix} \middle| a \in A, b \in B \right\}$$

を A と B の**直積集合**といい $A \times B$ と書く．

同様に，n 個の集合 A_1, $A_2, \cdots$, A_n に対し，n 個の元の順序対

$$\begin{pmatrix} a_1 \\ a_2 \\ \vdots \\ a_n \end{pmatrix}$$

からなる集合 $\left\{ \begin{pmatrix} a_1 \\ a_2 \\ \vdots \\ a_n \end{pmatrix} \middle| a_1 \in A_1,\ a_2 \in A_2, \cdots, a_n \in A_n \right\}$ を，A_1, $A_2, \cdots, A_n$ の直積集合といい $A_1 \times A_2 \times \cdots \times A_n$ と書く．また特に，集合 A に対し，n 個の A の直積集合 $A \times A \times \cdots \times A$ を A^n と書く．◆◆◆

例 A.3.4　$A = \{2, 3, 4\}, B = \{1, 3\}$ とすると，

$$A \times B = \left\{ \begin{pmatrix} 2 \\ 1 \end{pmatrix}, \begin{pmatrix} 2 \\ 3 \end{pmatrix}, \begin{pmatrix} 3 \\ 1 \end{pmatrix}, \begin{pmatrix} 3 \\ 3 \end{pmatrix}, \begin{pmatrix} 4 \\ 1 \end{pmatrix}, \begin{pmatrix} 4 \\ 3 \end{pmatrix} \right\}$$

$$B^2 = B \times B = \left\{ \begin{pmatrix} 1 \\ 1 \end{pmatrix}, \begin{pmatrix} 1 \\ 3 \end{pmatrix}, \begin{pmatrix} 3 \\ 1 \end{pmatrix}, \begin{pmatrix} 3 \\ 3 \end{pmatrix} \right\}$$

◆◆◆

例 A.3.5

$$\mathbb{W} = \left\{ \begin{pmatrix} x_1 \\ x_2 \\ x_3 \end{pmatrix} \in \mathbb{R}^3 \middle| \begin{array}{l} x_1 + \ \ x_2 + x_3 = 0 \\ x_1 + 2x_2 - x_3 = 0 \end{array} \right\} \subset \mathbb{R}^3$$

この集合 $\mathbb{W}$ は，次の連立1次方程式の解全体からなる集合である．

$$\begin{cases} x_1 + \ \ x_2 + x_3 = 0 \\ x_1 + 2x_2 - x_3 = 0 \end{cases}$$

◆◆◆

(注　集合 A の元と集合 B の元の順列組合わせともいえる．

問 A.3.6　次の A, B に対し $A \cap B, A \cup B, A - B, A \times B$ をそれぞれ求めよ．

(1)　$A = \{2, 3\}$, $B = \{1, 3\}$

(2)　$A = \{1, 2, 3\}$, $B = \{1, 3, 5\}$

A.4 写　像・関　数

2つの集合 X, Y に対し，X の各元に対し，Y の元が1つ決まるような対応の仕方を X から Y への**写像**という.「X の各元に対し，Y の元が1つ決まるような対応の仕方」という表現はいちいち書くのも面倒なので，対応の仕方を文字，例えば f で表すことにして，以下のように表すことにする．

$$f : X \to Y$$

写像 $f : X \to Y$ に対し，X を f の**定義域**，Y を f の**値域**という．$x \in X$ に対し，f によって決まる Y の元を，x の f による**像**といい，$f(x)$ と表す．また，X の部分集合 A に対し，集合 $\{f(x) \mid x \in A\}$ を A の f による像といい，$f(A)$ と表す．

写像 $f : X \to Y$ においてその値域 Y が $\mathbb{R}$ またはその部分集合であるとき $f : X \to Y$ を**関数**という．また，関数 f に対し，$f(x)$ を x の f による**値**ともいう．

定義域の各元に対し，値域のどの元を対応させるのかをはっきり示すことにより1つの写像が定まる．従って写像を表すとき

$$f : X \to Y,\ X \text{ から } Y \text{ への対応の仕方}$$

と表すこともある．

例 A.4.1　$x \in \mathbb{R}$ を $2x + 1 \in \mathbb{R}$ に対応させる関数 f を

$$f : \mathbb{R} \to \mathbb{R},\ \text{数を 2 倍して 1 を加える}$$

この対応により，例えば $3 \in \mathbb{R}$ に対応する数 $f(3)$ は

$$f(3) = 2 \times 3 + 1 = 7$$

である．

このように対応の仕方 f を表すのも1つの方法ではあるが，多くの場合は文章では表さない．いろいろな数を代表して，文字，例えば x を用いて，この x に対応する数 $f(x)$ がどのような式になるかを表して，対応の仕方を記述する．この場合，

$$f : \mathbb{R} \to \mathbb{R},\ f(x) = 2x + 1$$

または

$$f : \mathbb{R} \to \mathbb{R},\ x \longmapsto 2x + 1$$

となる．

例 A.4.2 $\mathbb{R}^3$ から $\mathbb{R}^2$ への写像 $T:\mathbb{R}^3 \to \mathbb{R}^2$ の例.

$$\boldsymbol{x} = \begin{pmatrix} x_1 \\ x_2 \\ x_3 \end{pmatrix} \in \mathbb{R}^3$$

に対して,

$$T(\boldsymbol{x}) = \begin{pmatrix} 1 & -1 & 1 \\ 2 & -1 & -1 \end{pmatrix} \begin{pmatrix} x_1 \\ x_2 \\ x_3 \end{pmatrix} = \begin{pmatrix} x_1 - x_2 + x_3 \\ 2x_1 - x_2 - x_3 \end{pmatrix}$$

◆◆◆

写像 $f : X \to Y$ と $y \in Y$ に対し, f によって y に写される X の元の集合 $\{x \in X \mid f(x) = y\}$ を y の f による**逆像**といい, $f^{-1}(y)$ で表す. また, Y の部分集合 B に対し, 集合 $\{x \in X \mid f(x) \in B\}$ を B の f による**逆像**といい, $f^{-1}(B)$ と表す.(注:$f(x)$ は Y の 1 つの元であるが, $f^{-1}(y)$ は X の部分集合であり, 元の数も 1 つとは限らない.)

例 A.4.3 (1) $X = \{1, 2, 3\}, Y = \{2, 3, 4\}$ に対し, 写像を

$$f : X \to Y,\ f(1) = 2,\ f(2) = 3,\ f(3) = 3$$

と定めると,

$$f^{-1}(2) = \{1\},\ f^{-1}(3) = \{2,\ 3\},\ f^{-1}(4) = \emptyset$$

(2) 写像 $f : \mathbb{R} \to \mathbb{R},\ f(x) = 2x^2 + 5$ に対し,

$$f^{-1}(7) = \{x \mid 2x^2 + 5 = 7\} = \{-1,\ 1\}$$

(3) 写像 $T : \mathbb{R}^3 \to \mathbb{R}^2$

$$T(\boldsymbol{x}) = \begin{pmatrix} x_1 - x_2 + x_3 \\ 2x_1 - x_2 - x_3 \end{pmatrix}$$

に対し,

$$T^{-1}\left(\begin{pmatrix} 0 \\ 0 \end{pmatrix}\right) = \left\{ \begin{pmatrix} x_1 \\ x_2 \\ x_3 \end{pmatrix} \middle| \begin{array}{r} x_1 - x_2 + x_3 = 0 \\ 2x_1 - x_2 - x_3 = 0 \end{array} \right\}$$

であり, これは連立 1 次方程式

$$\begin{cases} x_1 - x_2 + x_3 = 0 \\ 2x_1 - x_2 - x_3 = 0 \end{cases}$$

の解空間である.

◆◆◆

定義 A.4.4 写像 $f : X \to Y$ が**単射**であるとは，X の異なる元は，Y の異なる元に写されるとき，つまり

$$a \neq b \quad \text{ならば} \quad f(a) \neq f(b)$$

が成立するときをいう．また，$f(X) = Y$ のとき，f は**全射**であるという．さらに，全射かつ単射のとき，**全単射**であるという．f が全射であるとき，Y の各元 y に対し，その逆像 $f^{-1}(y)$ は空ではない．また，単射のときは $f^{-1}(y)$ の元の個数は高々1 つである．従って，f が全単射の場合は，Y の各元 y に対し，その逆像 $f^{-1}(y)$ の元を対応させることで，Y から X への写像を得る．これを f の**逆写像**といい，f^{-1} で表す．つまり，

$$f^{-1} : Y \to X, y \longmapsto f^{-1}(y) \text{ の元}$$

逆像と逆写像を同じ記号 f^{-1} を用いて表したが，それは逆写像が逆像を用いて定義されたからである．まったく無関係なものではないが，混同しないように． ◆◆◆

例 A.4.5 (1) 写像

$$f : \{1, 2, 3\} \to \{2, 4, 5, 7\},\ f(1) = 2,\ f(2) = 5,\ f(3) = 4$$

は単射であるが，全射ではない．

(2) 写像

$$f : \{1, 2, 3\} \to \{2, 4, 5\}, f(1) = 2, f(2) = 5, f(3) = 4$$

は全単射である．

(3) 写像 $T : \mathbb{R}^3 \to \mathbb{R}^2$

$$T(\boldsymbol{x}) = \begin{pmatrix} x_1 - x_2 + x_3 \\ 2x_1 - x_2 - x_3 \end{pmatrix}$$

に対し，$T^{-1}(\mathbf{0})$ は連立 1 次方程式

$$\begin{cases} x_1 - x_2 + x_3 = 0 \\ 2x_1 - x_2 - x_3 = 0 \end{cases}$$

の解空間であり，この連立 1 次方程式は多くの解をもつので，全単射ではない．

◆◆◆

問 A.4.6 単射であるが全射でない写像の例，全射だが単射でない写像の例，全単射の例をそれぞれ 3 つずつ挙げよ．

A.5 写像の合成

2つの写像 $f : X \to Y$, $g : Y \to Z$ から f, g の**合成写像**という新しい写像 $g \circ f : X \to Z$ を定義する．

X の元 x に対し，この元の f による像は $f(x)$ であるが，これは Y の元である．そこでこの元を写像 g で移すと，その像は Z の元 $g(f(x))$ となる．

このように $x \in X$ に対して，$g(f(x)) \in Z$ を対応させる写像を，f, g の**合成写像**といい

$$g \circ f : X \to Z$$

と表す．

例 A.5.1　2つの関数 $f : \mathbb{R} \to \mathbb{R}$, $f(x) = 3x^2 + 1$, $g : \mathbb{R} \to \mathbb{R}$, $g(x) = x - 2$ に対して，

(1)　$g \circ f(x) = g(f(x)) = g(3x^2 + 1) = (3x^2 + 1) - 2 = 3x^2 - 1$

(2)　写像 $T : \mathbb{R}^3 \to \mathbb{R}^2$

$$T(\boldsymbol{x}) = \begin{pmatrix} x_1 - x_2 + x_3 \\ 2x_1 - x_2 - x_3 \end{pmatrix}$$

および写像 $S : \mathbb{R}^2 \to \mathbb{R}$

$$S(\boldsymbol{x}) = x_1 + 2x_2$$

に対し，写像 $S \circ T : \mathbb{R}^3 \to \mathbb{R}$ は

$$\begin{aligned} S \circ T(\boldsymbol{x}) &= S\left(\begin{pmatrix} x_1 - x_2 + x_3 \\ 2x_1 - x_2 - x_3 \end{pmatrix}\right) \\ &= (x_1 - x_2 + x_3) + 2(2x_1 - x_2 - x_3) = 5x_1 - 3x_2 - x_3 \end{aligned}$$

◆◆◆

A.6 連立1次方程式の基本変形

連立1次方程式に3つの基本変形を行って得られる連立1次方程式において，解が変わらないことを示す．まず3つの基本変形とは

式の基本変形

(I)　1つの式を何倍かする（ただし0倍はしない）．
(II)　2つの式を入れ替える．
(III)　1つの式に，他の式を何倍かしたものを加える．

である．変形 (I), (II) で解が変わらないことは，明らかなので，変形 (III) について示そう．

この変形で使われる式は 2 つの式のみなので，2 つの式からなる連立 1 次方程式

$$(1) \quad \begin{cases} a_{11}x_1 + a_{12}x_2 + \cdots + a_{1n}x_n = b_1 \\ a_{21}x_1 + a_{22}x_2 + \cdots + a_{2n}x_n = b_2 \end{cases}$$

について示せばよい．この連立 1 次方程式の 1 行を λ 倍して 2 行に加えるという操作を行うと，連立 1 次方程式

$$(2) \quad \begin{cases} a_{11}x_1 + a_{12}x_2 + \cdots + a_{1n}x_n = b_1 \\ (a_{21}+\lambda a_{11})x_1 + (a_{22}+\lambda a_{12})x_2 + \cdots + (a_{2n}+\lambda a_{1n})x_n = b_2 + \lambda b_1 \end{cases}$$

を得る．さて連立 1 次方程式 (1) の解を

$$\begin{pmatrix} x_1 \\ x_2 \\ \vdots \\ x_n \end{pmatrix} = \begin{pmatrix} c_1 \\ c_2 \\ \vdots \\ c_n \end{pmatrix}$$

とすると，

$$(1) \quad \begin{cases} a_{11}c_1 + a_{12}c_2 + \cdots + a_{1n}c_n = b_1 \\ a_{21}c_1 + a_{22}c_2 + \cdots + a_{2n}c_n = b_2 \end{cases}$$

が成立している．この解が連立 1 次方程式 (2) の解であることを示すためにこの解を (2) の未知数に代入して各式，特に第 2 式が成立することを調べればよい．

$$\begin{aligned} &(a_{21}+\lambda a_{11})c_1 + (a_{22}+\lambda a_{12})c_2 + \cdots + (a_{2n}+\lambda a_{1n})c_n \\ &= (a_{21}c_1 + a_{22}c_2 + \cdots + a_{2n}c_n) + \lambda(a_{11}c_1 + a_{12}c_2 + \cdots + a_{1n}c_n) \\ &= b_2 + \lambda b_1 \end{aligned}$$

となり，第 2 式は成立する．従って

$$\begin{pmatrix} x_1 \\ x_2 \\ \vdots \\ x_n \end{pmatrix} = \begin{pmatrix} c_1 \\ c_2 \\ \vdots \\ c_n \end{pmatrix}$$

は連立 1 次方程式 (2) の解でもある．また (2) の連立 1 次方程式は，基本変形 (III) で，連立 1 次方程式 (1) となるので，連立 1 次方程式 (2) の解は連立 1 次方程式 (1) の解であることもわかる．従って，2 つの連立 1 次方程式の解は同じとなる．

A.7 正則行列と逆行列

この節では，定理 3.6.2 の証明を与える．まず行列の（行に関する）各基本変形は，次の行列を左からかけることで得られる．

(1) 基本変形 (I)：「行列 A の i 行を c 倍する」を表す行列 $S(i:c)$ は

$$S(i:c) = \begin{pmatrix} 1 & 0 & \cdots & \cdots & \cdots & \cdots & \cdots & 0 \\ 0 & \ddots & & & \vdots & & & \vdots \\ \vdots & & \ddots & & \vdots & & & \vdots \\ \vdots & & & 1 & \vdots & & & \vdots \\ 0 & \cdots & \cdots & \cdots & c & \cdots & \cdots & 0 \\ \vdots & & & & \vdots & 1 & & \vdots \\ \vdots & & & & \vdots & & \ddots & 0 \\ 0 & \cdots & \cdots & \cdots & \cdots & \cdots & 0 & 1 \end{pmatrix} \begin{matrix} \\ \\ \\ \\ \leftarrow i \text{ 行} \\ \\ \\ \\ \end{matrix}$$

$$\begin{matrix} \uparrow \\ i \text{ 列} \end{matrix}$$

(2) 基本変形 (II)：「行列 A の 2 つの行，i 行と j 行を入れ替える」を表す行列 $R(i,j)$ は

$$R(i,j) = \begin{pmatrix} 1 & 0 & \cdots & \cdots & \cdots & \cdots & \cdots & \cdots & \cdots & \cdots & 0 \\ 0 & \ddots & & \vdots & & & & \vdots & & & \vdots \\ \vdots & & 1 & \vdots & & & & \vdots & & & \vdots \\ \vdots & \cdots & \cdots & 0 & \cdots & \cdots & \cdots & 1 & \cdots & \cdots & \vdots \\ \vdots & & & \vdots & 1 & & & \vdots & & & \vdots \\ \vdots & & & \vdots & & \ddots & & \vdots & & & \vdots \\ \vdots & & & \vdots & & & 1 & \vdots & & & \vdots \\ \vdots & \cdots & \cdots & 1 & \cdots & \cdots & \cdots & 0 & \cdots & \cdots & \vdots \\ \vdots & & & \vdots & & & & \vdots & 1 & & \vdots \\ \vdots & & & \vdots & & & & \vdots & & \ddots & \vdots \\ 0 & \cdots & \cdots & \cdots & \cdots & \cdots & \cdots & \cdots & \cdots & 0 & 1 \end{pmatrix} \begin{matrix} \\ \\ \\ \leftarrow i \text{ 行} \\ \\ \\ \\ \leftarrow j \text{ 行} \\ \\ \\ \\ \end{matrix}$$

$$\begin{matrix} \uparrow & \qquad & \uparrow \\ i \text{ 列} & & j \text{ 列} \end{matrix}$$

(3) 基本変形 (III)：「行列 A の j 行を c 倍し i 行に加える」を表す行列 $Q(i,j:c)$ は

$$Q(i,j:c)=\begin{pmatrix} 1 & 0 & \cdots & \cdots & \cdots & \cdots & \cdots & 0 \\ 0 & 1 & & & & \vdots & & \vdots \\ \vdots & \vdots & \ddots & & & \vdots & & \vdots \\ 0 & 0 & \cdots & 1 & \cdots & c & \cdots & \vdots \\ \vdots & \vdots & & & \ddots & \vdots & & \vdots \\ \vdots & \vdots & & & & 1 & & \vdots \\ \vdots & \vdots & & & & \vdots & \ddots & 0 \\ 0 & 0 & \cdots & \cdots & \cdots & \cdots & 0 & 1 \end{pmatrix} \begin{matrix} \\ \\ \\ \leftarrow i\text{ 行} \\ \\ \\ \\ \\ \end{matrix}$$

$$\uparrow \; j\text{ 列}$$

である．

さて定理を証明する前に，正則行列の定義を書いておこう．

定義 A.7.1 n 次正方行列 A が正則行列であるとは，

$$AB=BA=E$$

となる n 次正方行列 B が存在することである． ◆◆◆

命題 A.7.2 行列 $S(i:c), R(i,j), Q(i,j:c)$ は正則行列である．

証明 (1) $S(i:c)S\left(i:\frac{1}{c}\right)=S\left(i:\frac{1}{c}\right)S(i:c)=E \Rightarrow S(i:c)^{-1}=S\left(i:\frac{1}{c}\right)$

(2) $R(i,j)R(i,j)=E \Rightarrow R(i,j)^{-1}=R(i,j)$

(3) $Q(i,j:c)Q(i,j:-c)=Q(i,j:-c)Q(i,j:c)=E$
$\Rightarrow Q(i,j:c)^{-1}=Q(i,j:-c)$ □

次の命題の証明は各自に任せる．

命題 A.7.3 行列 A, B が正則行列のとき，その積 AB も正則行列である．

行列の簡約化は何回かの基本変形を繰り返し行うことなので，これは左から 3 種類の正則行列をかけることと同じである．従って上記の命題を用いると次が得られる．

命題 A.7.4　任意の行列 A は，ある正則行列 P を左からその行列にかけることにより簡約化される．行列 A の簡約行列は PA である．

さて定理を示そう．

定理 A.7.5　n 正方行列 A に対して次の 4 つの条件は同値である．

(1)　A は正則行列

(2)　$\operatorname{rank} A = n$

(3)　$AB = E$ となる n 次正方行列 B が存在する．

(4)　$|A| \neq 0$

証明　第 6 章の命題 6.2.12 で (1) $\Leftrightarrow$ (4) は示されているので，(1), (2), (3) が同値であることを示せばよい．

まず (1) $\Rightarrow$ (3) は，正則行列の定義より明らかである．次に (3) $\Rightarrow$ (2) を示す．

$\operatorname{rank} A < n$ とする．このとき A の簡約行列 K の少なくとも 1 つの行は零ベクトル，つまり

$$K = \begin{pmatrix} * & * & \cdots & * \\ \vdots & \vdots & \ddots & \vdots \\ 0 & 0 & \cdots & 0 \end{pmatrix}$$

となっている．また前の命題 A.7.3 より，ある正則行列 P があり

$$PA = K$$

となる．ところで条件 (3) より $AB = E$ となる行列 B が存在するので，上の式の両辺に右から行列 B をかけると，

$$PAB = KB \quad \Longleftrightarrow \quad P = KB$$

さらに両辺に右から P^{-1} をかけると

$$PP^{-1} = KBP^{-1} \quad \Longleftrightarrow \quad E = K(BP^{-1})$$

となる．しかし，第 n 列が零ベクトルである行列に右からどんな行列をかけても，その積の第 n 列は依然として零ベクトルとなっている．これは E と等しくならないので矛盾する．

最後に (2) $\Rightarrow$ (1) を示す．$\operatorname{rank} A = n$ なので，ある正則行列 P が存在して

$$PA = E$$

である．この P に対して

$$AP = EAP = (P^{-1}P)AP = P^{-1}(PA)P = P^{-1}EP = P^{-1}P = E$$

となるので，A は正則行列となる． □

A.8 行列の簡約化

ここで第 3 章の定理 3.3.6 を示す．定理 3.3.6 は次の内容であった．

定理 A.8.1 任意の行列は，行に関する基本変形を繰り返し行うことにより簡約な行列に変形される．また，変形の仕方によらず出来上がった簡約な行列はただ 1 通りに決まる．

証明 行列が基本変形により，簡約化されることは例題を用いて説明しているので，ここではその簡約行列の一意性について証明を与える．いま行列 A およびその簡約行列 B を列ベクトルを用いて

$$A = (\boldsymbol{a}_1\ \boldsymbol{a}_2\ \cdots\ \boldsymbol{a}_n), \quad B = (\boldsymbol{b}_1\ \boldsymbol{b}_2\ \cdots\ \boldsymbol{b}_n)$$

と表しておく．このとき，行列 A におけるベクトルの 1 次独立性と行列 B における 1 次独立性は同じである．

まず基本変形の性質より $\boldsymbol{a}_1 = \boldsymbol{0}$ のとき，$\boldsymbol{b}_1 = \boldsymbol{0}$ であり，$\boldsymbol{a}_1 \neq \boldsymbol{0}$ のとき，$\boldsymbol{b}_1$ は，基本ベクトル $\boldsymbol{e}_1$ である．いま $\boldsymbol{b}_1, \boldsymbol{b}_2, \cdots, \boldsymbol{b}_k$ $(1 \leq k \leq n-1)$ が決まっているとき，b_{k+1} がただ 1 つに決まることを示そう．

$\boldsymbol{a}_1, \boldsymbol{a}_2, \cdots, \boldsymbol{a}_k$ の 1 次結合で $\boldsymbol{a}_{k+1}$ が表されないとき，$\boldsymbol{b}_{k+1}$ も $\boldsymbol{b}_1, \boldsymbol{b}_2, \cdots, \boldsymbol{b}_k$ の 1 次結合で表すことが出来ないので，$\boldsymbol{b}_{k+1}$ は基本ベクトルである．また $\boldsymbol{a}_1, \boldsymbol{a}_2, \cdots, \boldsymbol{a}_k$ の 1 次結合で $\boldsymbol{a}_{k+1}$ が表されるとき，$\boldsymbol{a}_{k+1}$ は $\boldsymbol{a}_1, \boldsymbol{a}_2, \cdots, \boldsymbol{a}_k$ の中の 1 次独立なベクトルで表される．

その 1 次独立なベクトルに対応する $\boldsymbol{b}_1, \boldsymbol{b}_2, \cdots, \boldsymbol{b}_k$ の中の 1 次独立なベクトルを用いて，同様に $\boldsymbol{b}_{k+1}$ も表される．従って A の簡約行列 B はただ 1 つに決まる． □

索　引

あ 行

か 行

さ 行

た 行

な 行

は 行

ま 行

や 行

ら 行

わ 行

欧 字

著者略歴

沢田　賢（さわだ　けん）

1981年　早稲田大学大学院理工学研究科博士課程修了
2021年　逝去
　　　　元早稲田大学教授　理学博士

渡辺展也（わたなべのぶや）

1984年　早稲田大学大学院理工学研究科修士課程修了
現　在　早稲田大学商学部准教授　理学博士

山口祥司（やまぐちよしかず）

2007年　東京大学大学院数理科学研究科博士課程修了
現　在　早稲田大学商学部准教授　博士（数理科学）

安原　晃（やすはら　あきら）

1991年　早稲田大学大学院理工学研究科修士課程修了
現　在　早稲田大学商学部教授　博士（理学）

サイエンス
ライブラリ　数　学＝33

大学で学ぶ 線形代数 ［増補版］

2005年　3月25日©　初版発行
2023年　2月10日　初版第17刷発行
2024年11月10日©　増補版発行

著　者　沢田　賢　　発行者　森平敏孝
　　　　渡辺展也　　印刷者　篠倉奈緒美
　　　　山口祥司　　製本者　小西惠介
　　　　安原　晃

発行所　株式会社　サイエンス社

〒151–0051　東京都渋谷区千駄ヶ谷1丁目3番25号
営業　☎（03）5474–8500（代）　振替 00170–7–2387
編集　☎（03）5474–8600（代）　FAX（03）5474–8900

印刷　（株）ディグ　　製本　（株）ブックアート

《検印省略》

ISBN978–4–7819–1614–9

PRINTED IN JAPAN